1 セミ・カメムシの冬虫夏草①

【僕の冬虫夏草図鑑】

―20年間の見つけもの―

冬虫夏草は日本だけで約300種ほども見つかっている…と言う。ここでは僕自身が実際に出会った冬虫夏草を紹介したい。
なお、各種の説明は【口絵解説】を参照されたい。
大きさは、宿主を含めた全長である。

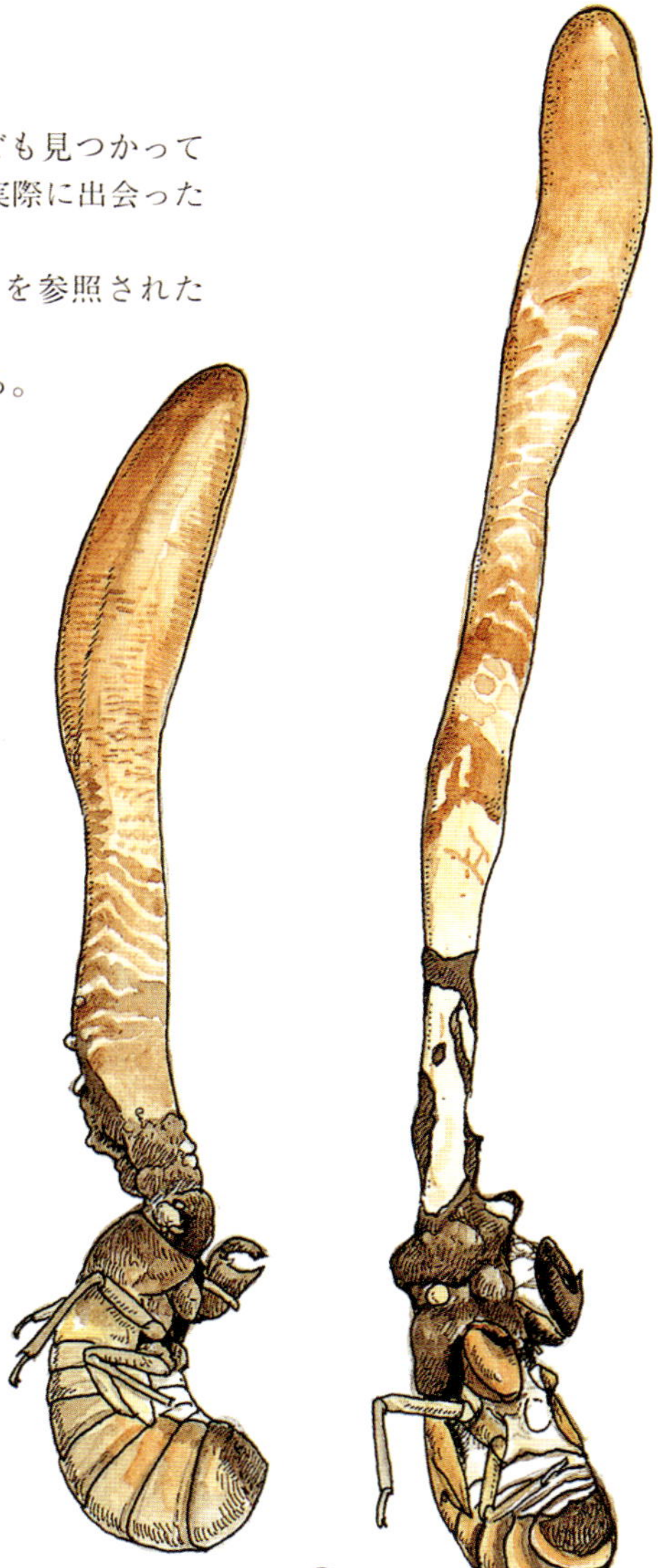

❶

❶セミタケ
1998年8月2日
神奈川県鎌倉
右65mm　左74mm

❷－a

❸

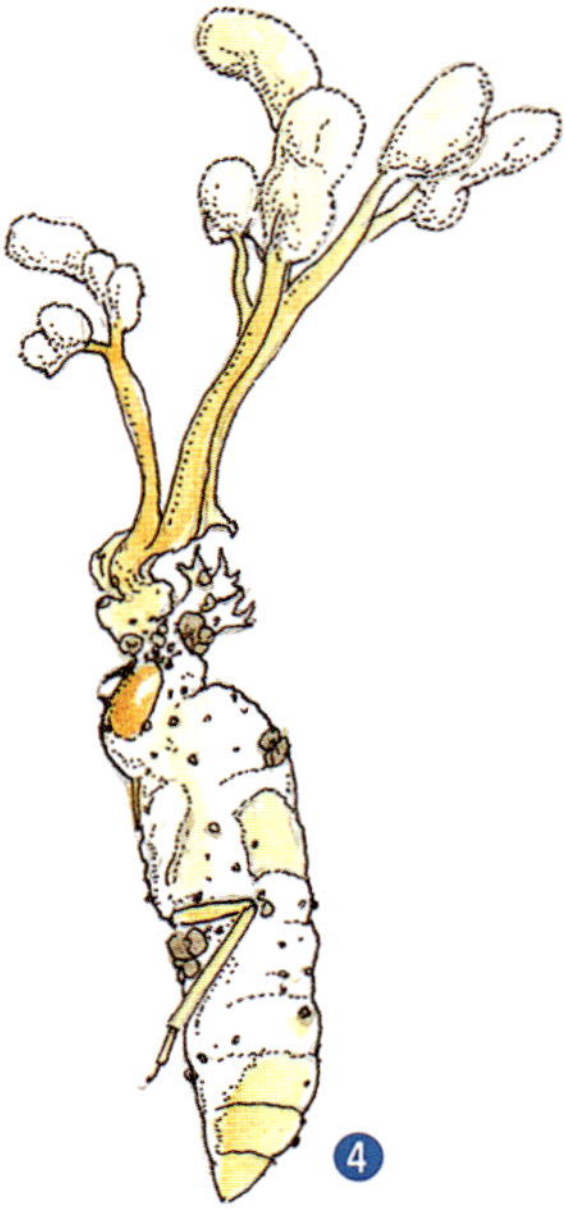

❹

❷－a ヤクシマセミタケ

1994年 8 月30日　東京都八丈島　60mm

❸トビシマセミタケ

1994年 7 月21日　石川県金沢　78mm

❹ツクツクボウシタケ

2000年 9 月26日　沖縄県石垣島　56mm

3 セミ・カメムシの冬虫夏草③

❷－b ヤクシマセミタケ
2005年 8月 9日
鹿児島県屋久島　149mm
❺アマミセミタケ類似種
2005年 7月 4日
鹿児島県屋久島　170mm
❻ツブノセミタケ
2005年 7月 2日
鹿児島県屋久島　97mm

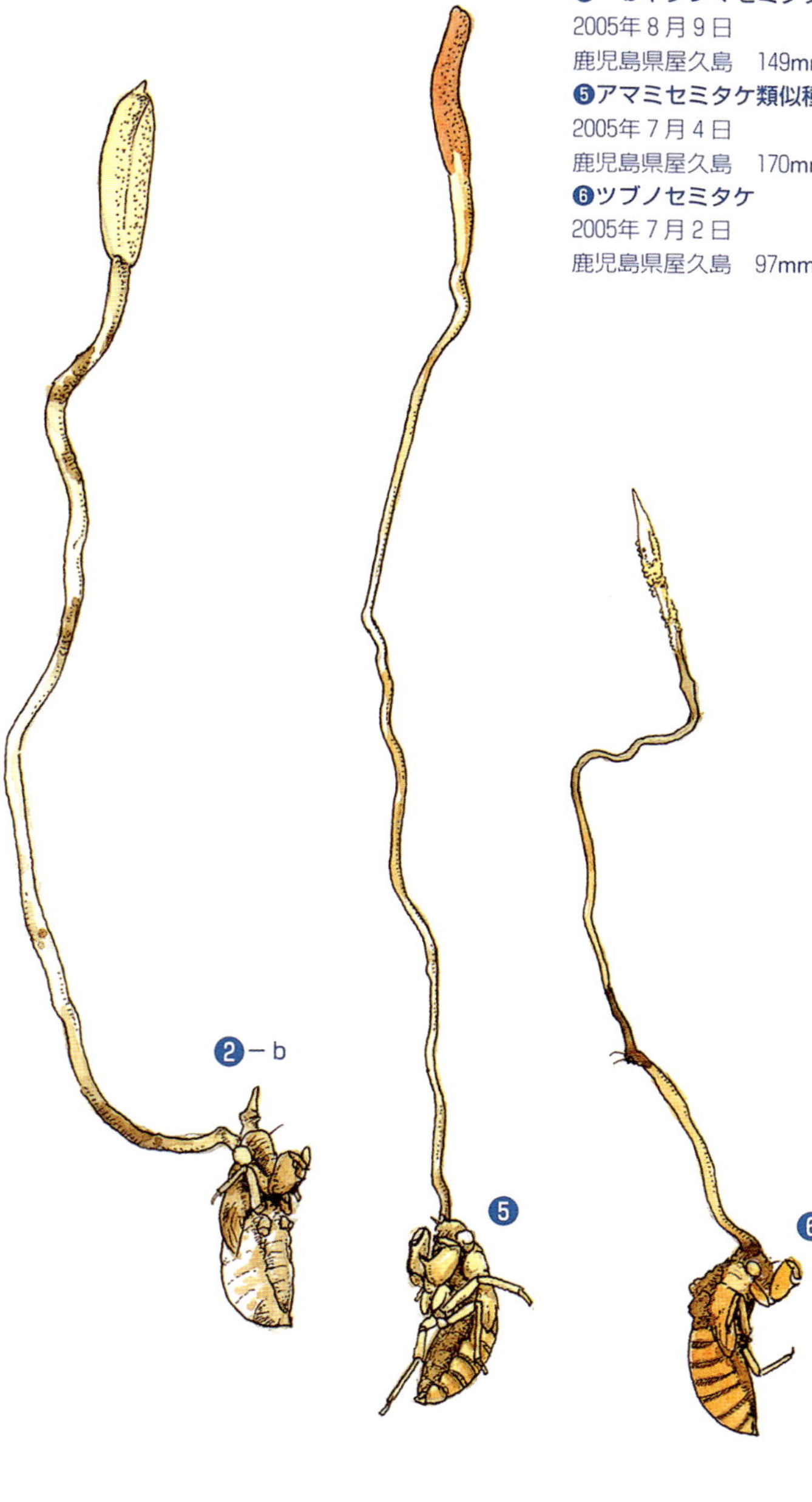

7カメムシタケ

a　2005年8月10日

鹿児島県屋久島　65mm

b～f　2005年8月22日

群馬県長野原　b：48mm

d、fは不完全型のエダウチカメムシタケ

5 セミ・カメムシの冬虫夏草⑤

❽クビオレカメムシタケ
2005年 8 月22日
群馬県長野原　52mm

❾アワフキムシタケ
1997年 7 月31日
埼玉県秩父　90mm

❿カイガラムシキイロツブタケ
1994年 7 月21日
石川県金沢　3 mm

❽

❾

❿

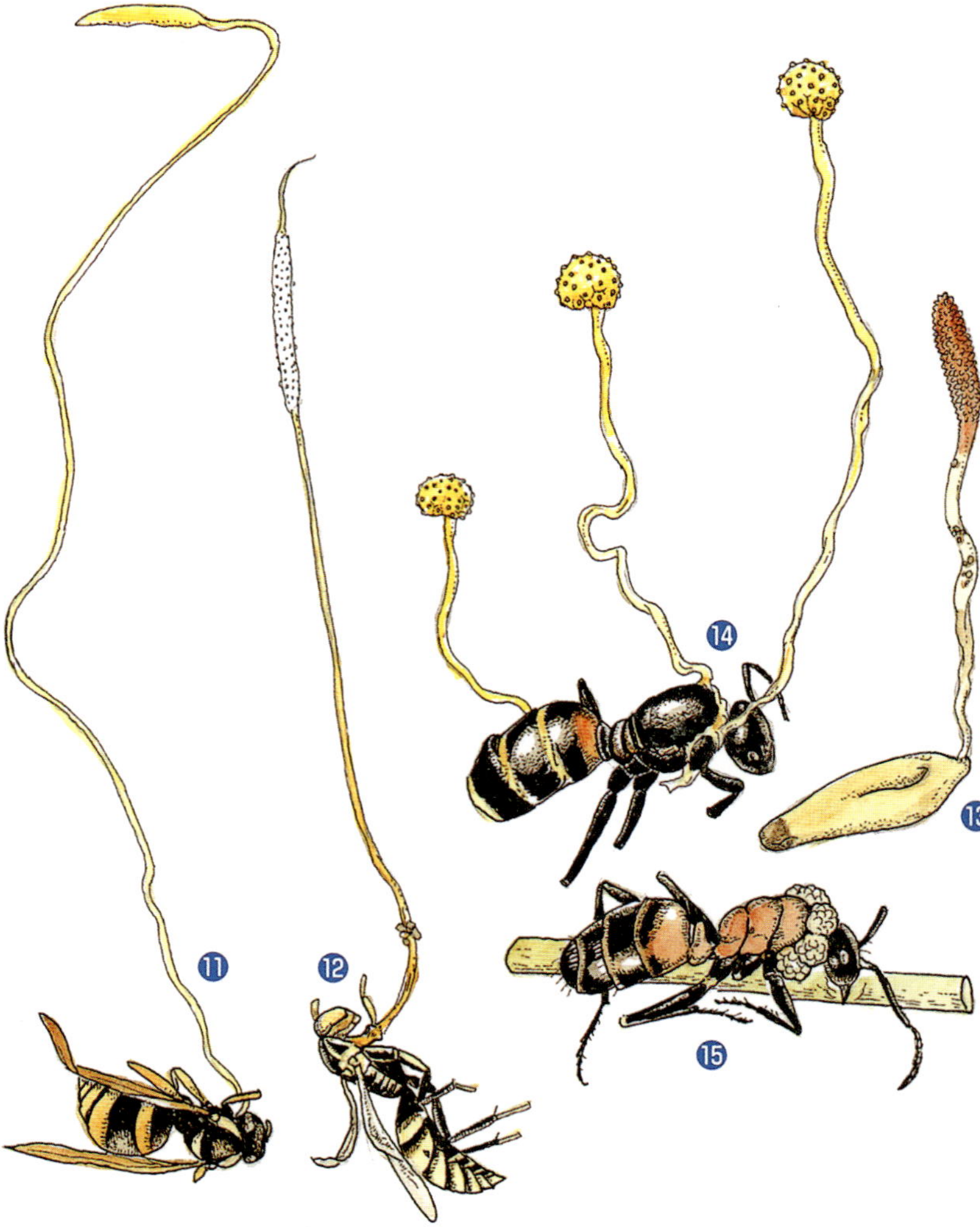

⑪ハチタケ　2005年8月23日　群馬県長野原　71mm
⑫ツキヌキハチタケ　2000年5月26日　沖縄県沖縄島　57mm
⑬不明種　2005年8月2日　埼玉県飯能　26mm

7 ハチ・アリの冬虫夏草②

⑭アリタケ
2005年 7 月 3 日
鹿児島県屋久島　40mm

⑮コブガタアリタケ
1994年 8 月21日
福島県梁川　10mm

⑯イトヒキミジンアリタケ
2000年11月12日
三重県名張　14mm

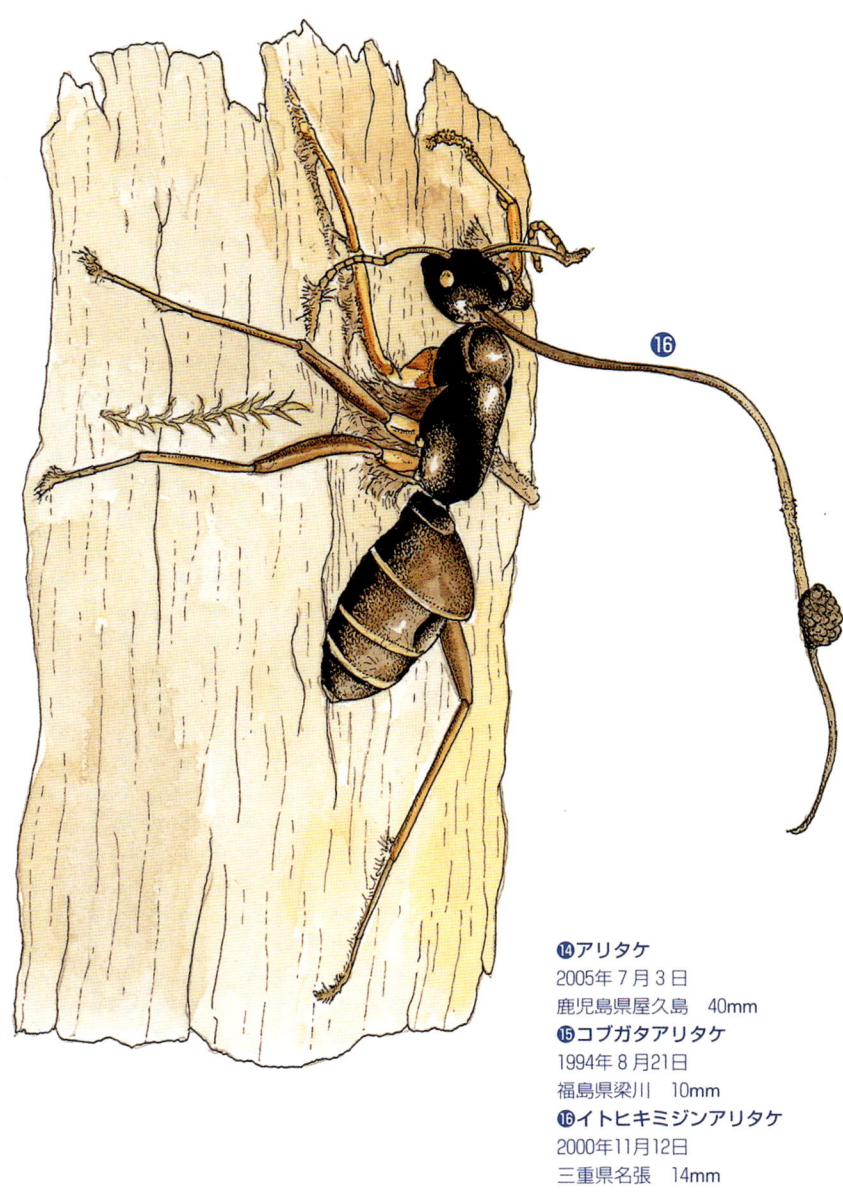

⑰サナギタケ　1995年10月16日　埼玉県飯能　94mm
⑱ウスキサナギタケ　1993年11月5日　東京都高尾　20mm
⑲ハトジムシハリタケ　1997年8月23日　群馬県長野原　30mm
⑳ヒメサナギタケ　1996年7月14日　東京都高尾　22mm
㉑コナサナギタケ　1996年6月23日　埼玉県飯能　43mm
㉒ハナサナギタケ　1993年7月27日　埼玉県飯能　72mm

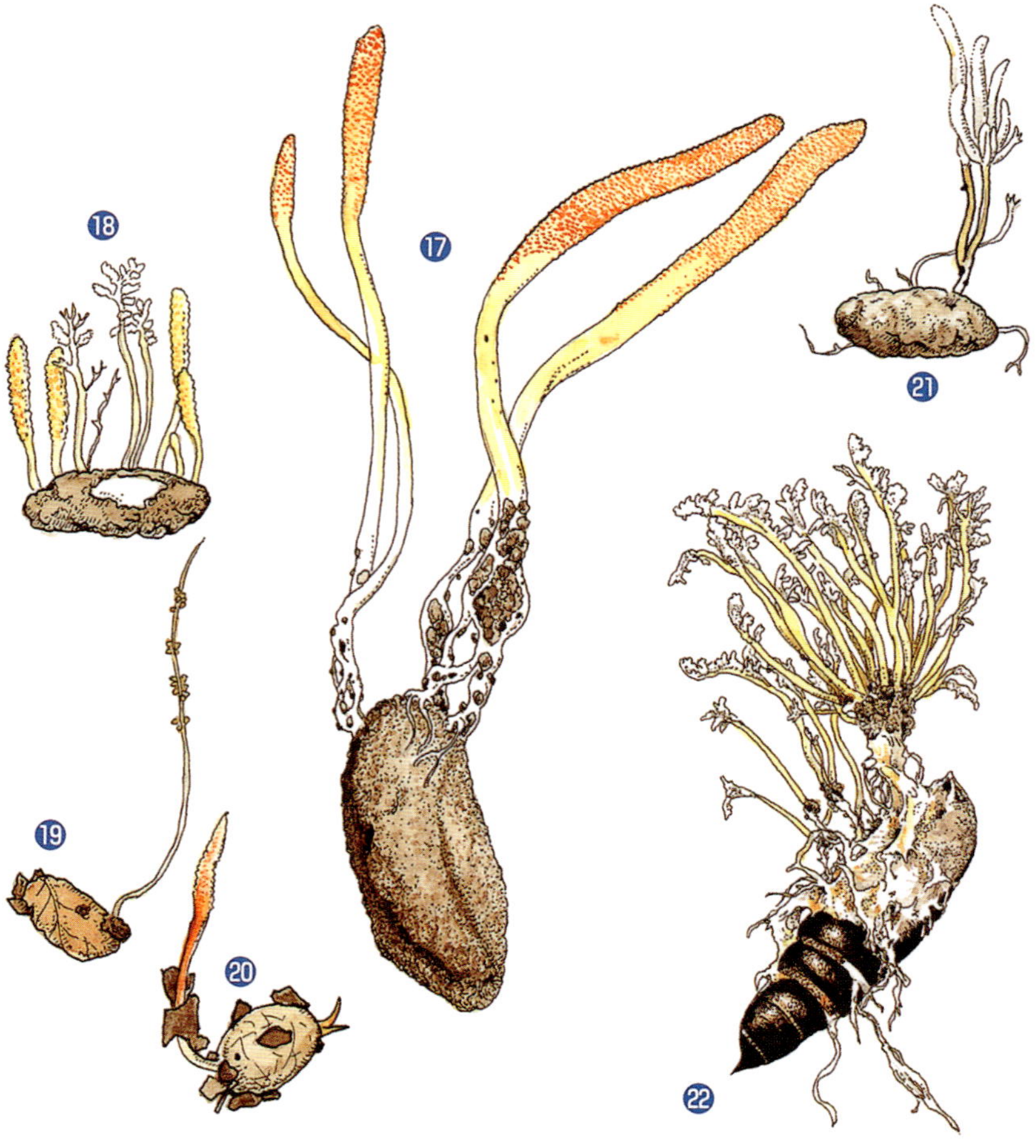

9 チョウ・ガの冬虫夏草②

㉓**ガヤドリキイロツブタケ**
a　1994年 1 月 3 日　埼玉県飯能　30mm
b　1994年 7 月 3 日　埼玉県飯能　30mm
㉔**ホソエノコベニムシタケ**　1999年 7 月19日　山梨県大泉　70mm
㉕**トサカイモムシタケ**　1994年 6 月18日　埼玉県秩父　45mm
㉖**ベニイモムシタケ**　1989年 8 月21日　埼玉県秩父　80mm

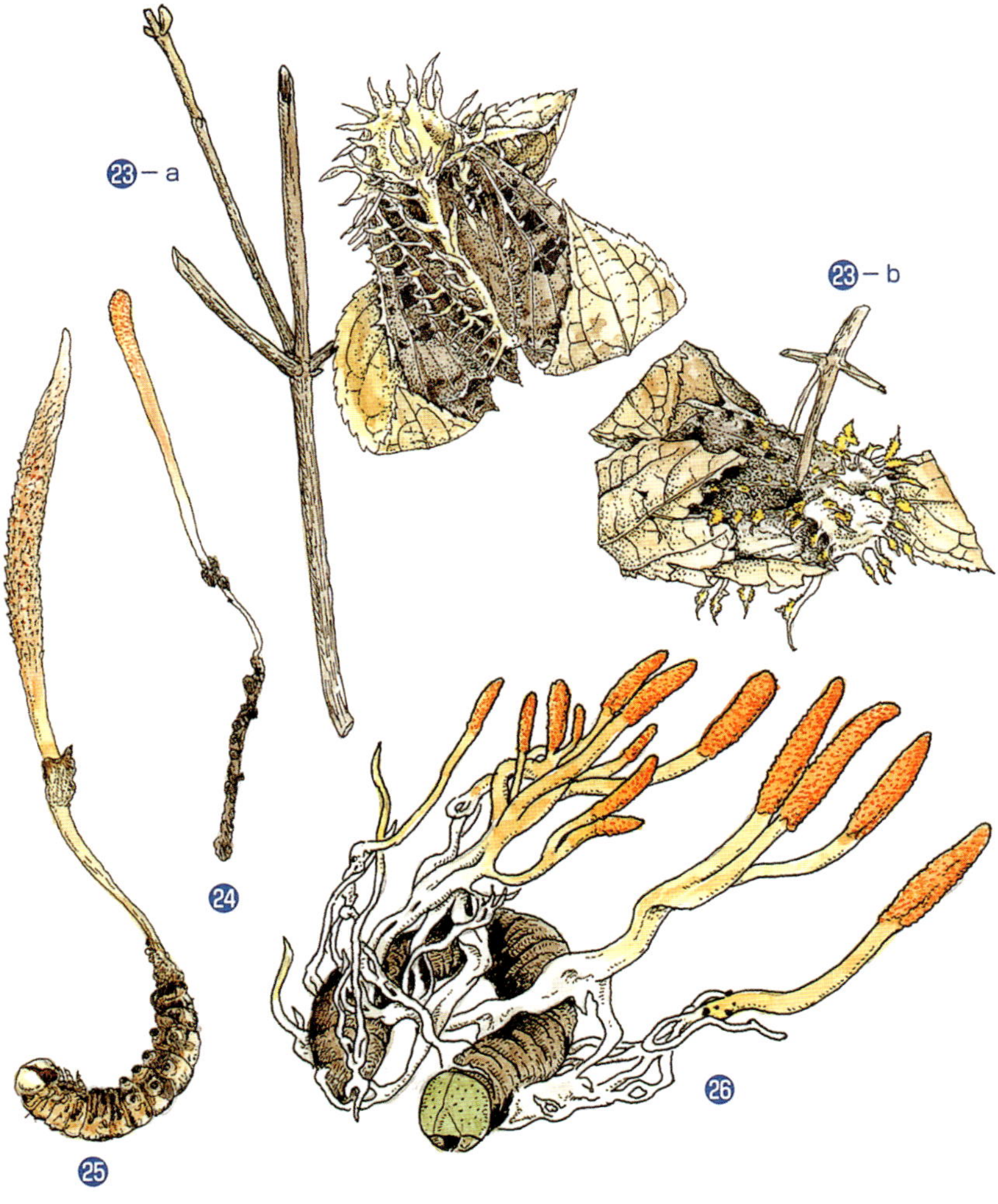

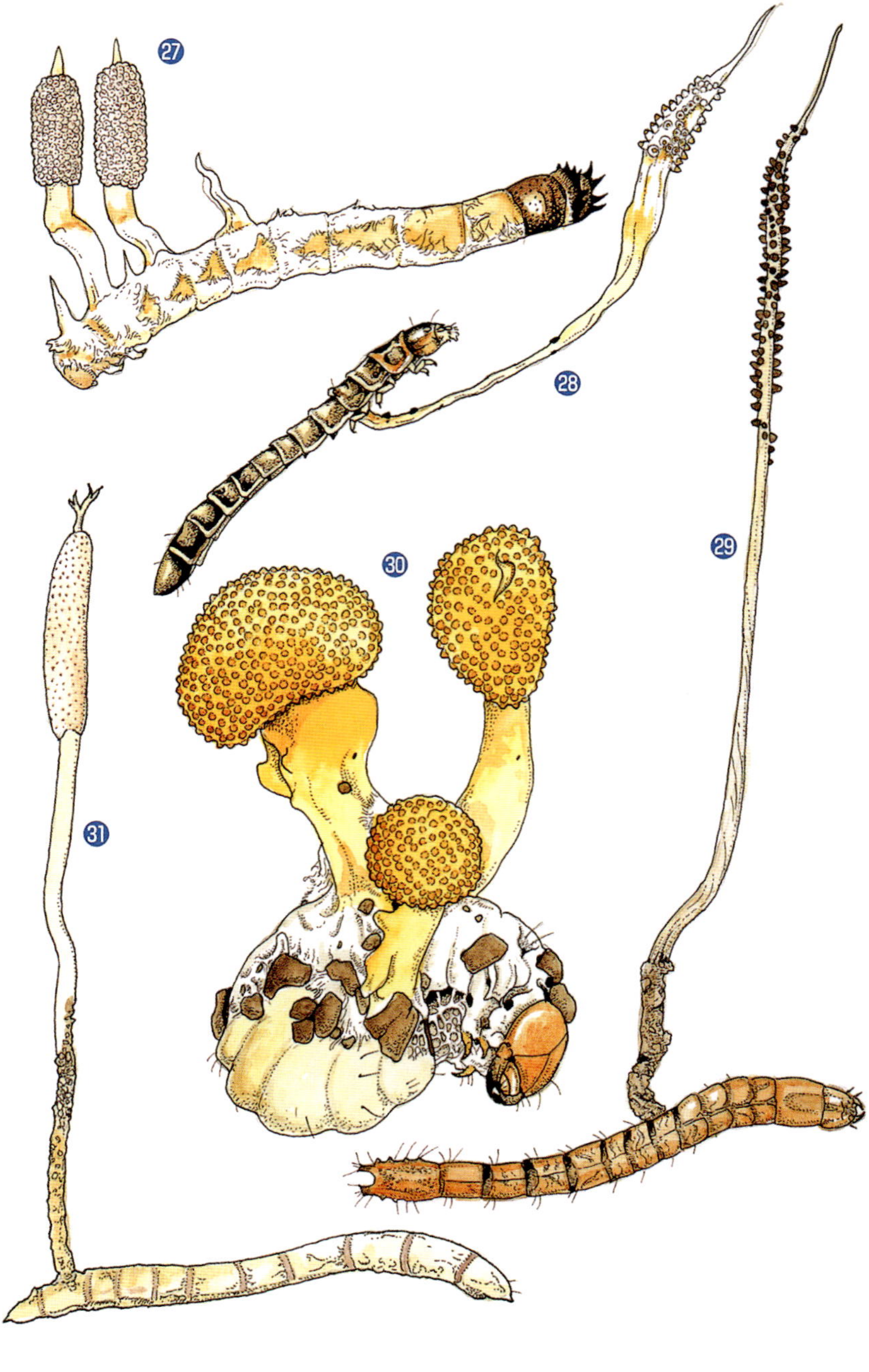
27
28
29
30
31

11 甲虫の冬虫夏草②

㉗クチキフサノミタケ　2005年 8 月10日　鹿児島県屋久島　12mm
㉘クチキウスイロツブタケ　2005年 7 月17日　広島県廿日市　21mm
㉙コメツキムシタケ　2003年 8 月28日　鹿児島県屋久島　94mm
㉚コガネムシタンポタケ　1996年 7 月14日　東京都高尾　25mm
㉛ヤエヤマコメツキムシタケ　2005年 6 月13日　沖縄県西表島　55mm
㉜オサムシタケ　1999年 7 月26日　埼玉県飯能　46mm
㉝ミヤマムシタケ　1999年 7 月19日　山梨県大泉　33mm

㉜

㉝

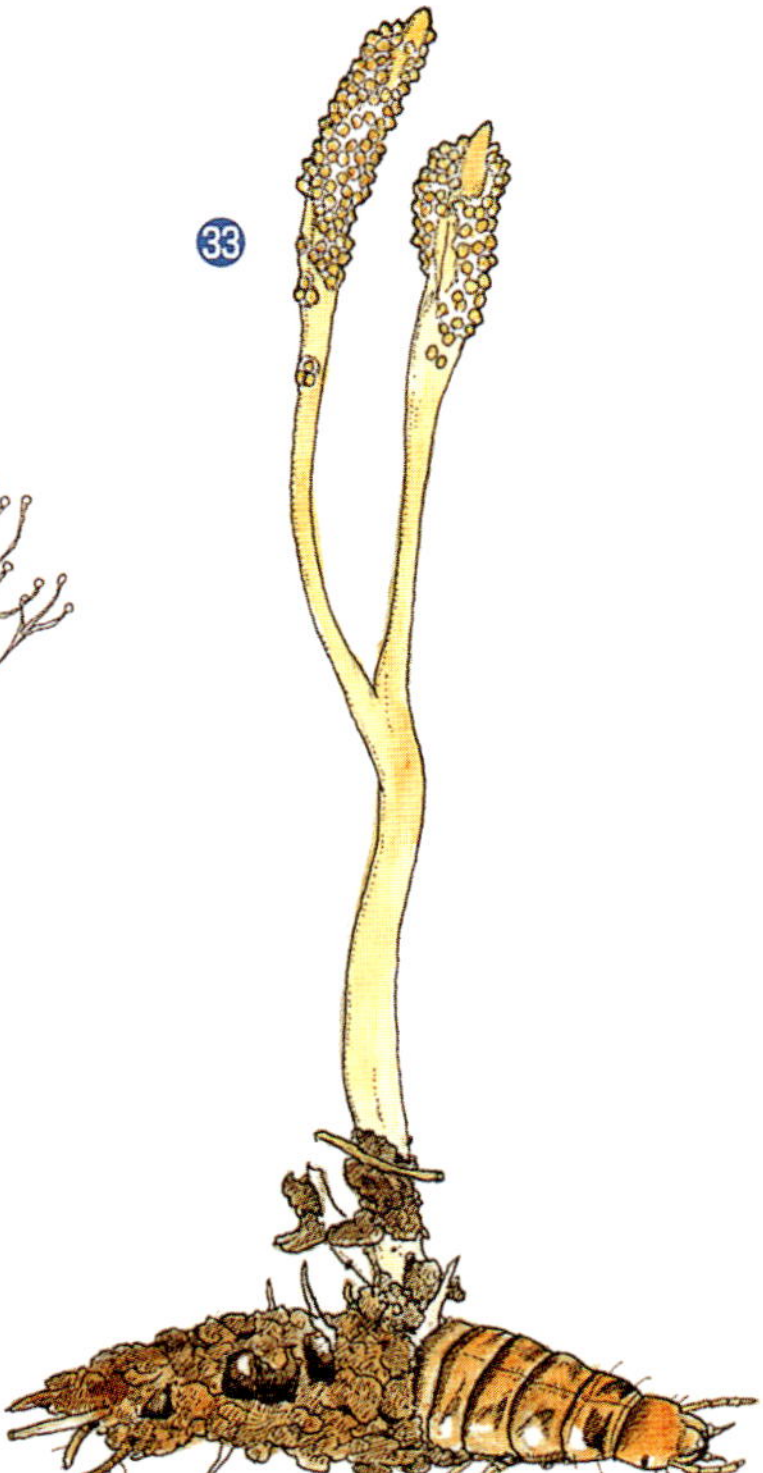

㉞ーaヤンマタケ　1994年9月11日　埼玉県飯能　55mm
b　子実体拡大図
c　胞子拡大図

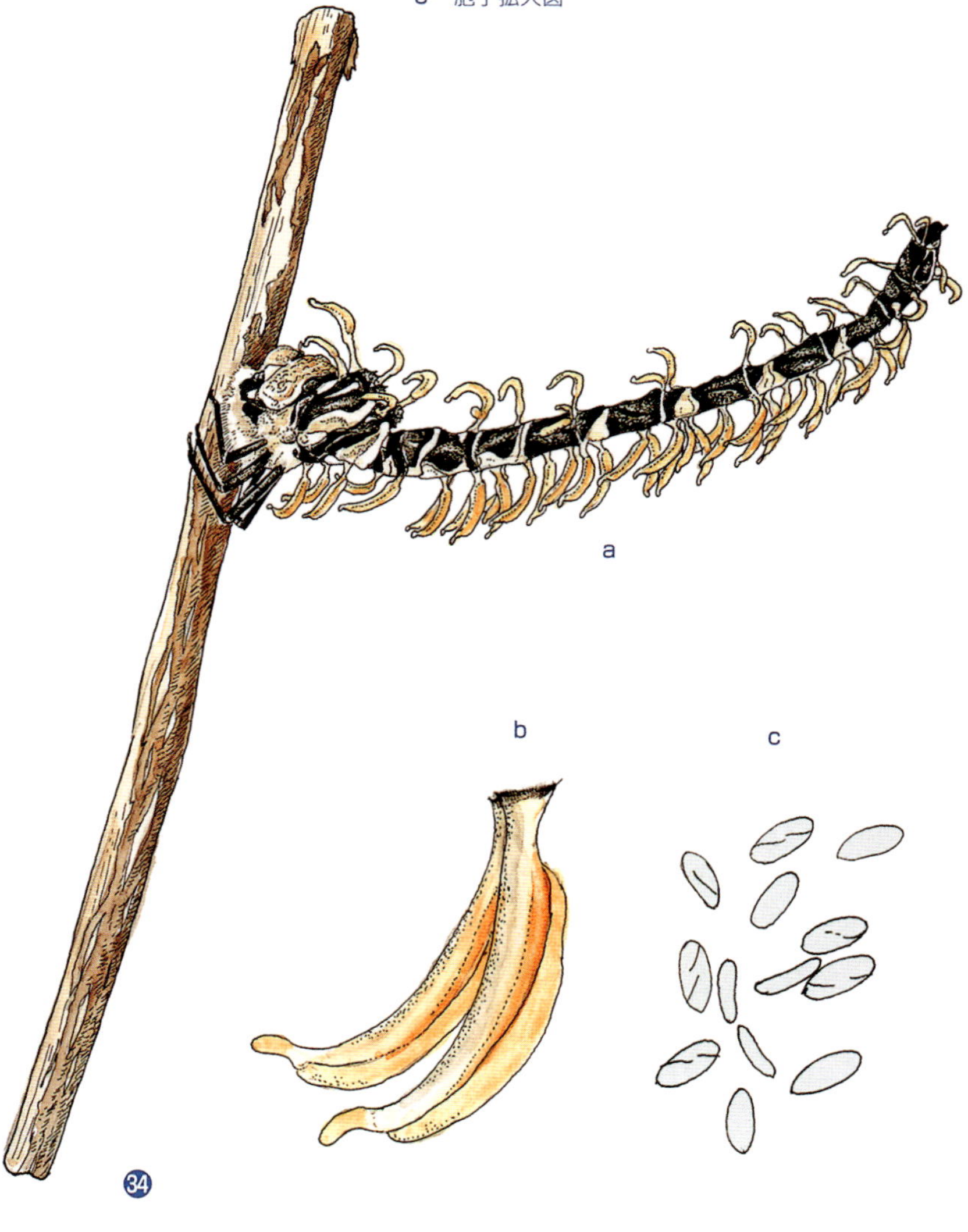

13 ハエの冬虫夏草

㉟ハエヤドリタケ　2005年 6 月10日　沖縄県西表島　5 mm

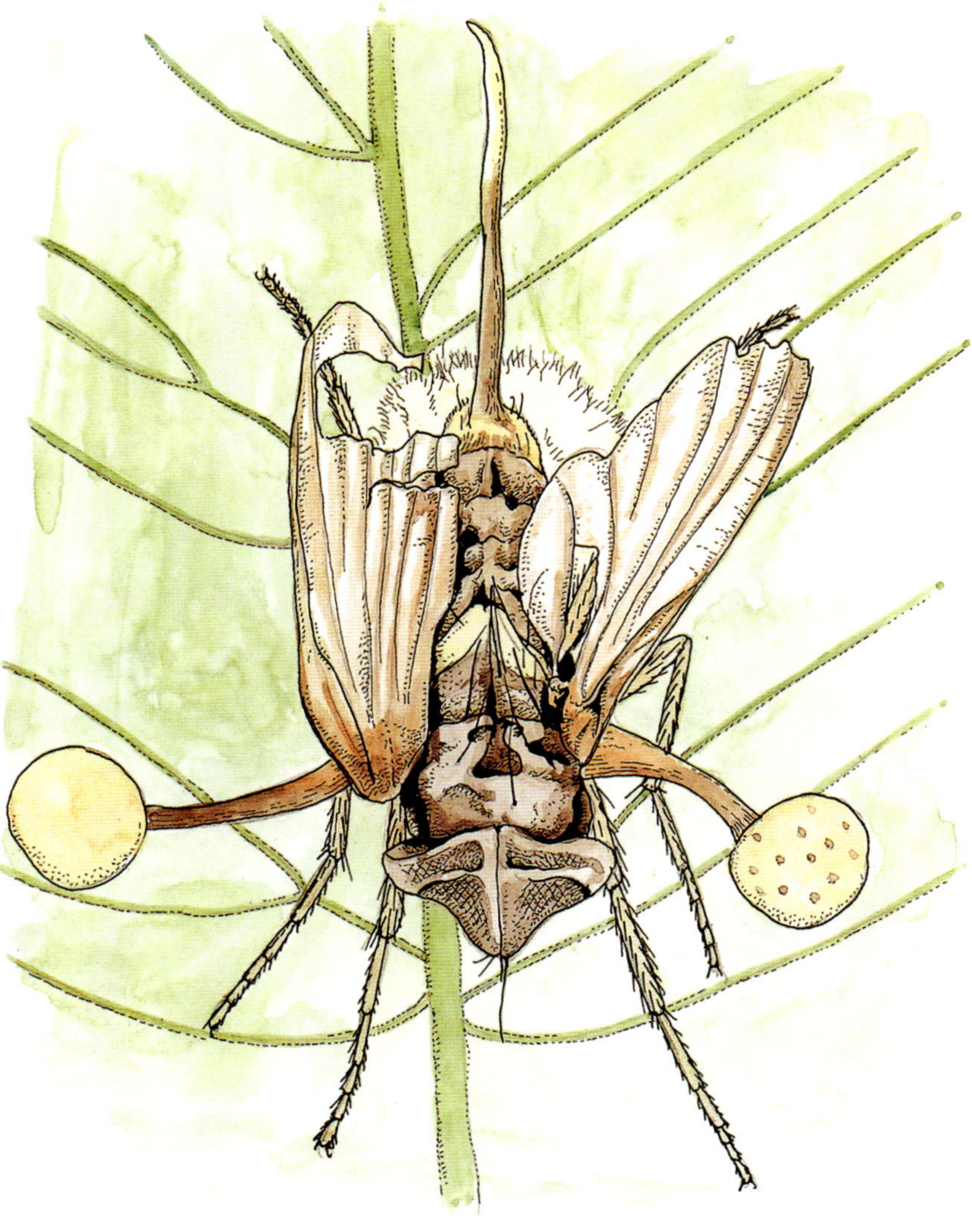

㊱ーａヒュウガゴキブリタケ
2005年６月22日
宮崎県　55mm
（黒木秀一氏採集）
ｂ　子のう果拡大図
2005年８月９日
鹿児島県屋久島

b

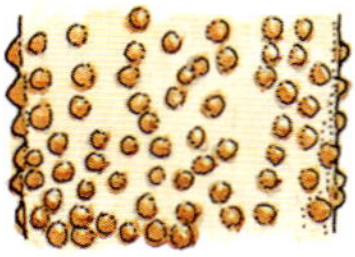

a

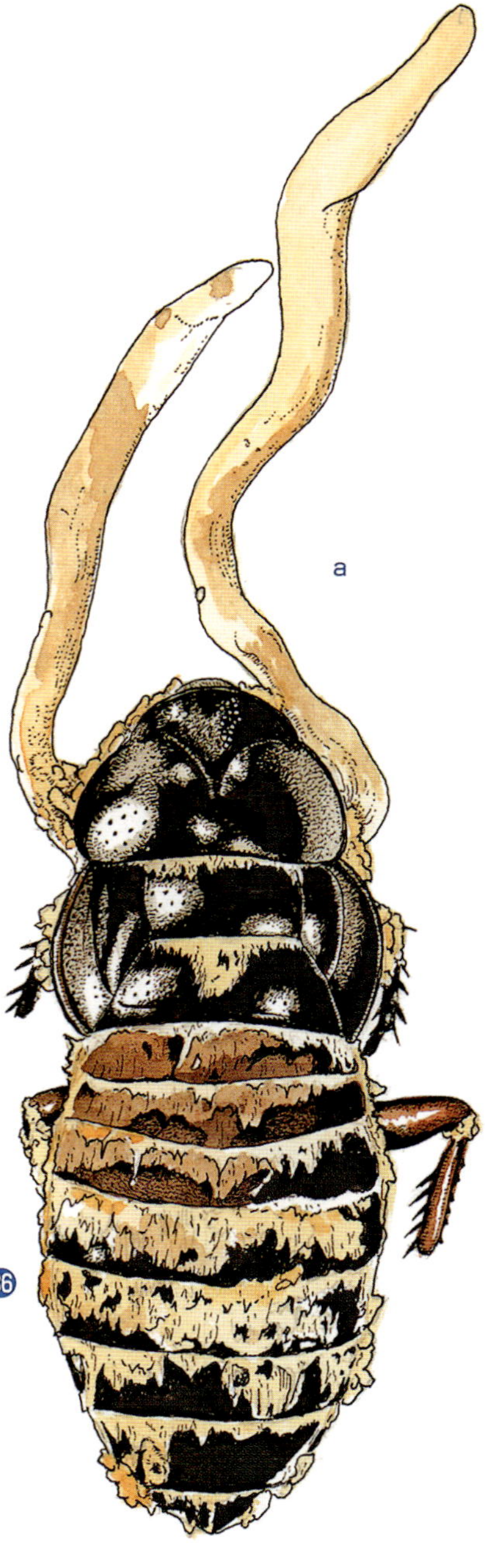

㊱

15 クモの冬虫夏草

㊲ハスノミクモタケ　2002年７月31日　群馬県東　６mm
㊳シロツブクロクモタケ　1993年10月21日　埼玉県飯能　10mm
㊴サンゴクモタケ　2005年８月２日　埼玉県飯能　13mm
㊵クモタケ　1996年７月17日　東京都　75mm
㊶ギベルラタケ　1993年10月21日　埼玉県飯能　10mm
㊷クモノオオトガリツブタケ　1994年８月21日　福島県梁川　２mm

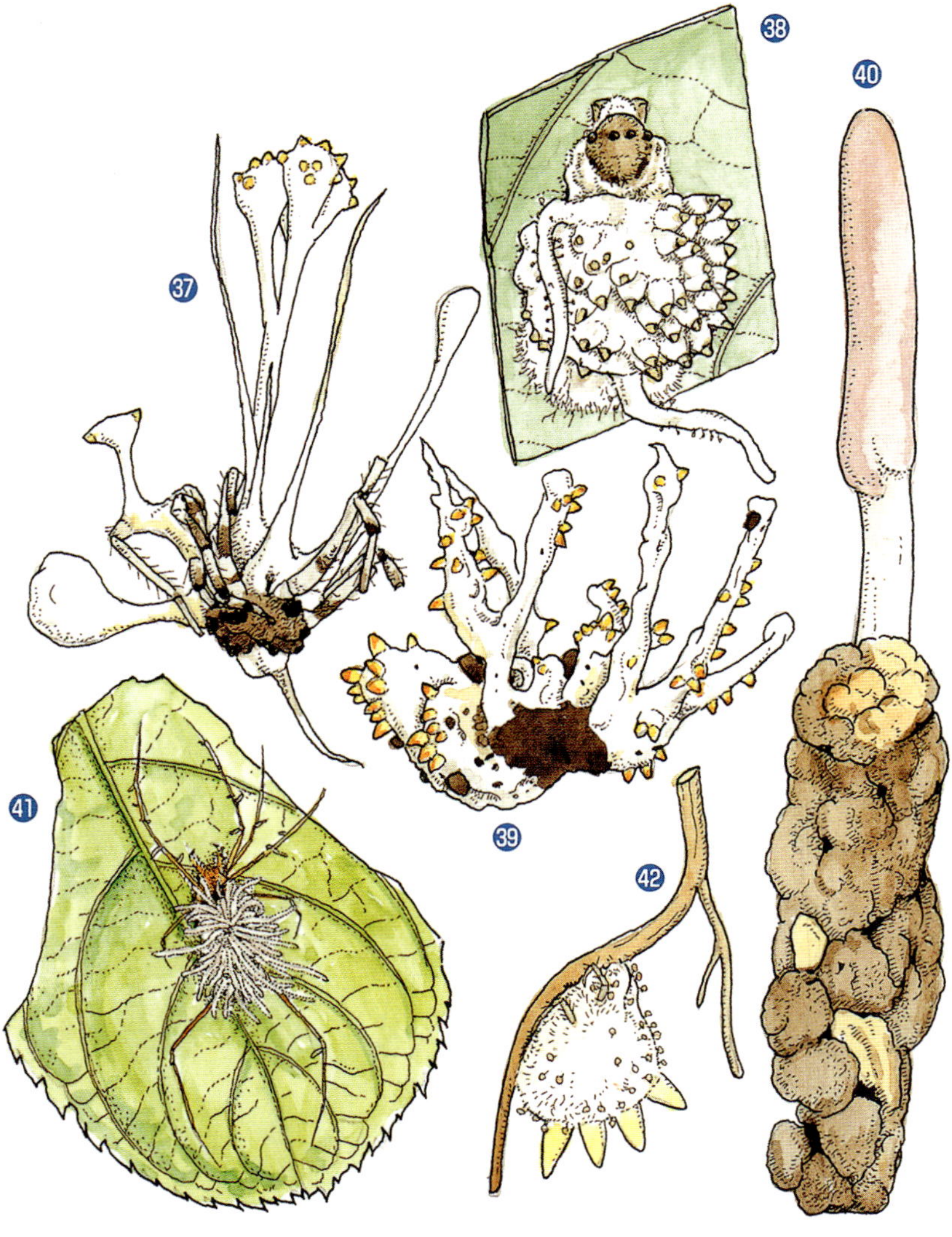

㊸エリアシタンポタケ類似種
2004年 8 月20日　鹿児島県屋久島　60mm
㊹ハナヤスリタケ
2002年 9 月15日　北海道支笏湖　100mm
㊺ミヤマタンポタケ
1991年10月21日　埼玉県秩父　57mm
㊻ヌメリタンポタケ
2002年 9 月15日　北海道支笏湖　60mm

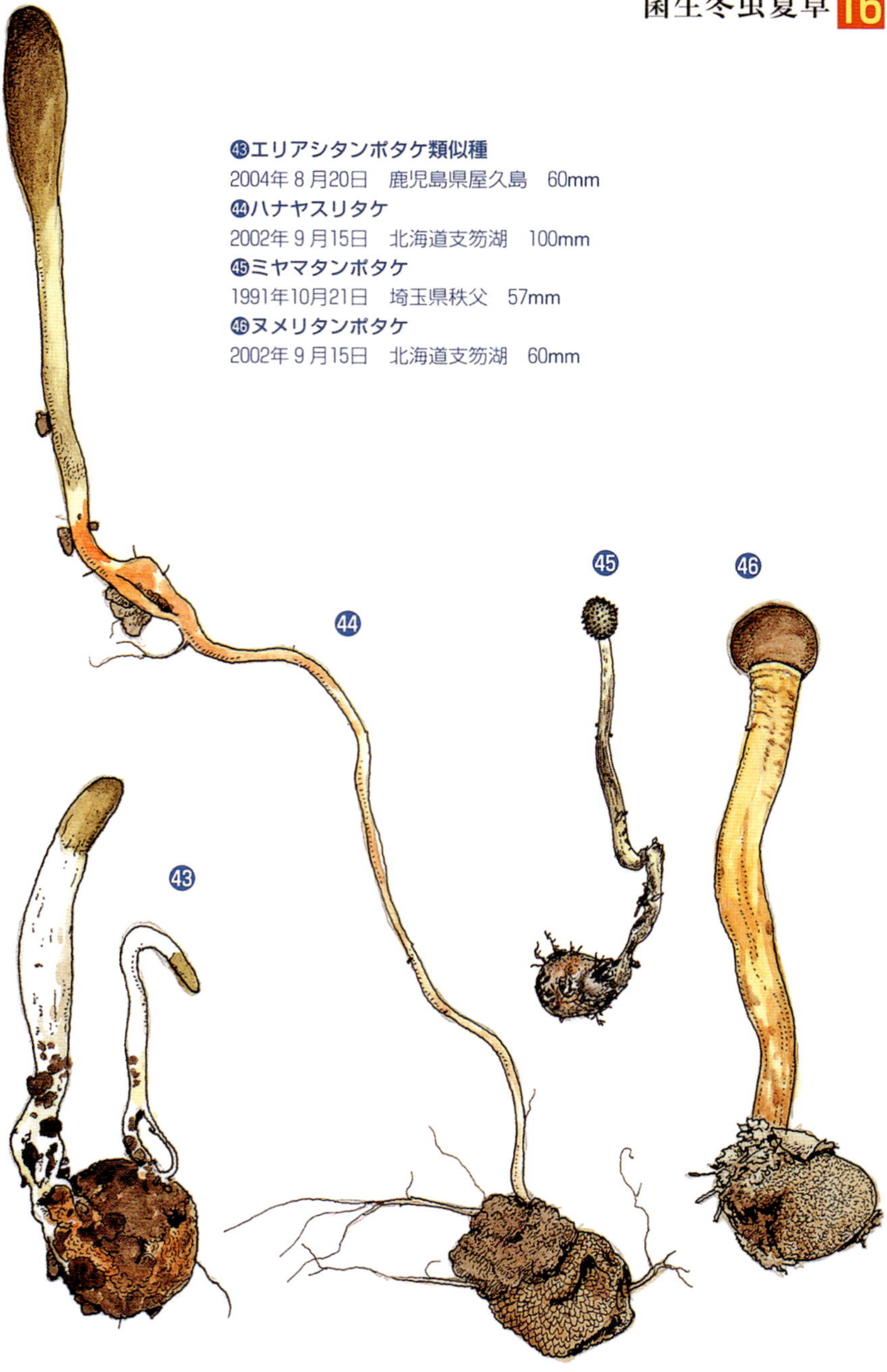

17 冬虫夏草のつくり——カメムシタケ❼の場合

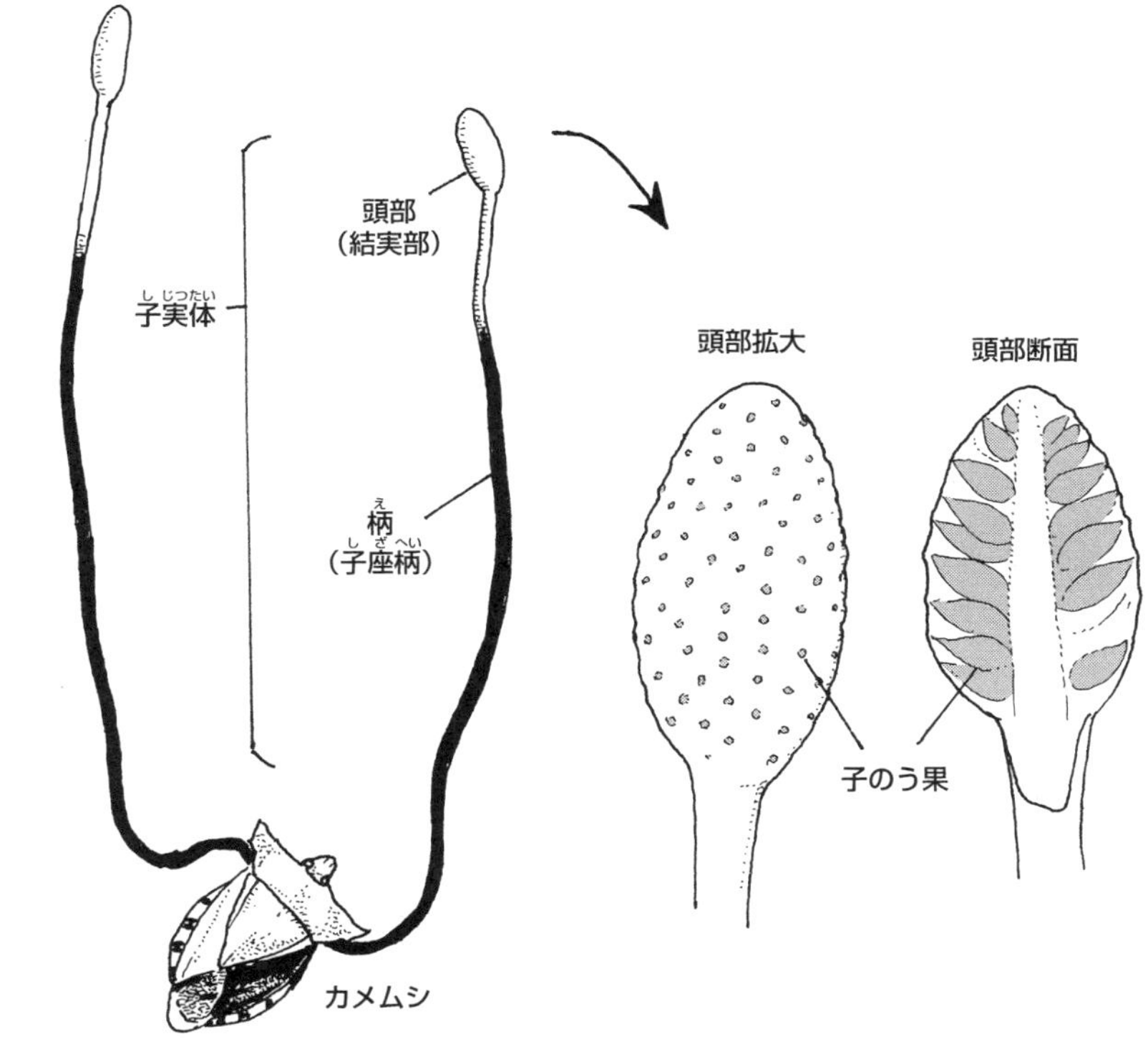

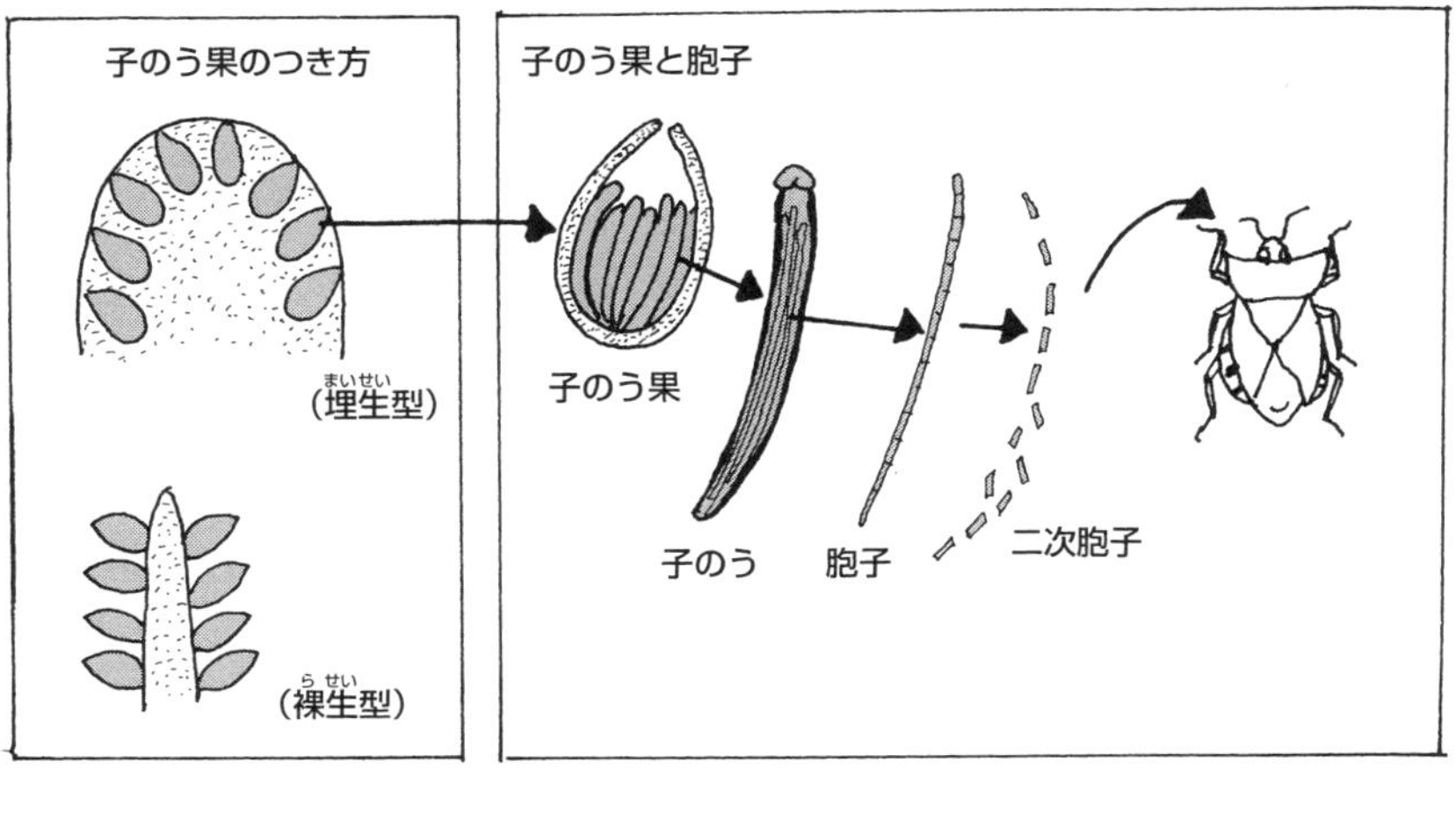

【口絵解説】

地生＝土の中や落ち葉の下の虫から発生。
気生＝葉裏や木の幹、岩や崖などで発生。
朽ち木性＝朽ち木にすむ虫から発生。
完全型・不完全型についてはパート2を参照。完全型の後の（　）内のCはコルジセプス属、Tはトルビエラ属を指す。

❶セミタケ
ニイニイゼミの幼虫から発生する。日本のほか、中国、アメリカ、オーストラリアなど。日本では関東以西。沖縄島産の標本を見たことがあるが、沖縄島からはまだ正式な記録発表はない。地生。完全型（C）。

❷ヤクシマセミタケ
ツクツクボウシの幼虫から発生する。一九五二年屋久島で初めて見つかるが、長らくこの島では再発見されなかった。八丈島には多産するが、八丈島産（a）と屋久島産（b）では子実体の形状などをやや異にする。地生。完全型（C）。

❸トビシマセミタケ
アブラゼミの幼虫から発生する。山形県の飛島で初めて見つかった種類。地生。完全型（C）。

❹ツクツクボウシタケ
本土ではツクツクボウシの幼虫から発生。沖縄島ではオオシマゼミ、石垣島ではイワサキゼミの幼虫からも発生。沖縄島ではオオシマゼミの成虫から発生した例もある。中国では漢方薬ともされる。完全型はツクツクボウシセミタケであるが、これはごく稀。地生。不完全型。

❺アマミセミタケ類似種
ヒメハルゼミの幼虫から発生。奄美大島以南で見つ

かっているアマミセミタケによく似た種類。屋久島で発見され、図示されるのはこれが初めて。地下の柄が長く、切らずに掘り取るのは難しい。地生。完全型（C）。

❻ツブノセミタケ

ヒグラシ、アブラゼミ、ツクツクボウシ、ヒメハルゼミなどの幼虫から発生する。子実体は細く、未熟な場合は冬虫夏草であることに気づかぬ場合もある。地生。完全型（C）。

❼カメムシタケ

カメムシの成虫より発生。地域によってどんなカメムシから発生するかが異なる。九州ではかつて薬用としていた。現在のところ沖縄地方では見つかっていない。cは頭部の白化したもの。eは未熟個体。地生。完全型（C）。d、fは不完全型でエダウチカメムシタケの名がある。

❽クビオレカメムシタケ

カメムシの成虫より発生。全国的に見て発見数の少ない珍種。地生。完全型（C）。

❾アワフキムシタケ

アワフキムシの成虫より発生。子実体の柄は細く、掘り取るときに切れやすい。地生。完全型（C）。

❿カイガラムシキイロツブタケ

葉裏についたカイガラムシの体表を菌糸がおおい、その上に黄色の子のう果がつく。気生。完全型（T）。

⓫ハチタケ

スズメバチ、アシナガバチ、マルハナバチなど、各種ハチ類の成虫より発生する。地生。完全型（C）。

⓬ツキヌキハチタケ

ハチ類の成虫より発生する。ハチタケに比べると、見つかることは稀。地生。完全型（C）。

⓭不明種

地中のハチのマユより発生。まだ名前のつけられていない新種候補の一つ。地生。完全型（C）。

⓮アリタケ

ムネアカオオアリなどより発生。屋久島では初夏に発生し、盛夏になるとその姿を見なくなる。朽ち木生または地生。完全型（C）。

⓯コブガタアリタケ

ムネアカオオアリより発生。沢沿いの低木の枝上に着生。首まわりに子のう果の塊をつける。ごく稀な種類。気生。完全型（T）。

⓰イトヒキミジンアリタケ

クロオオアリ、ムネアカオオアリ、チクシトゲアリなどより発生。沢沿いの樹幹、シダの葉裏などに着生するが、地域によって発生環境が異なる。海外からはマレーシア、エクアドルなどでも発見。気生。完全型（C）。

⓱サナギタケ

各種のガのサナギ、時には幼虫からも発生。近年は薬用としての利用も試みられている。地生。完全型（C）。

⓲ウスキサナギタケ

各種のガのサナギより発生。サナギタケに比べると少ない。この種の不完全型がハナサナギタケ。地生。完全型（C）。

⓳ハトジムシハリタケ

枯れ葉を織り合わせた中にひそむ小さなガの幼虫より発生。小さく細い子実体はきわめて目立たない。地生。完全型（C）。

⓴ヒメサナギタケ

地上のイラガのマユより発生。地生。完全型（C）。

㉑コナサナギタケ

ガのサナギのほか、他の昆虫よりも発生することがある。次種に似ているが、子実体の分岐は少ない。地生。不完全型。完全型が何であるか、僕には不明。

㉒ハナサナギタケ

ガのサナギより発生。里山では最も普通に見られる冬虫夏草。春〜秋と発生期も長い。地生。不完全型。完全型はウスキサナギタケ⓲。

㉓ガヤドリキイロツブタケ

ガの成虫より発生。沢沿いの樹幹や葉裏に着生。初夏に子のう果をつけ成熟する（b）が、秋〜春にかけても未熟な姿（a）を見つけることができる。気生。完全型（C）。

㉔ホソエノコベニムシタケ

シャクトリムシ（シャクガ科の幼虫）など、ガの幼虫より発生。子実体は細長い。サナギタケ⓱に一見似るが、子のう果などの形状が異なる。地生。完全型（C）。

㉕トサカイモムシタケ

ガの幼虫より発生。子実体はささくれたように見える。地生。完全型（C）。

㉖ベニイモムシタケ

ガの幼虫より発生。子実体頭部は鮮やかな朱色。サナギタケ⓱に比べ稀。地生。完全型（C）。

㉗クチキフサノミタケ

朽ち木中の甲虫の幼虫より発生。条件が良いと、一本の朽ち木より複数見つかる。朽ち木生。完全型（C）。

㉘クチキウスイロツブタケ

朽ち木中の甲虫の幼虫より発生。朽ち木生。完全型（C）。

㉙コメツキムシタケ

地中のコメツキムシの幼虫より発生。地生。完全型（C）。

㉚コガネムシタンポタケ

沢沿いの朽ち木の中のハナムグリ類の幼虫などから発生。朽ち木生。完全型（C）。

㉛ヤエヤマコメツキムシタケ

地中のコメツキムシの幼虫より発生。西表島、沖縄島など南の島々に見られる。地生。完全型（C）。

㉜オサムシタケ

オサムシの成虫、時に幼虫より発生。完全型のオサムシタンポタケはごく稀。地生。不完全型。

㉝ミヤマムシタケ

甲虫の幼虫より発生。地生。完全型（C）。

㉞ヤンマタケ

ミルンヤンマやアカトンボ類などの成虫より発生。完全型のタンポヤンマタケはごく稀。気生。不完全型。

㉟ハエヤドリタケ

ハエの成虫より発生。宮崎県以南で見られる。気生。完全型（C）。

㊱ヒュウガゴキブリタケ

エサキクチキゴキブリの成虫（幼虫も？）より発生。宮崎県から初めて報告された後、今回屋久島にも産することがわかった。この種のカラー図が本に掲載されるのは初めてのこと。朽ち木生。完全型（C）。

㊲ハスノミクモタケ

クモより発生。沢沿いの木の葉裏やオーバーハングした岩の裏などに着生。気生。完全型（C）。

㊳シロツブクロクモタケ

クモより発生。沢沿いの木の葉裏に着生。気生。完全型（T）。

㊴サンゴクモタケ

クモより発生。沢沿いの林で植物に着生しているか、地上に落下した姿で見つかる。気生。完全型（T）。

㊵クモタケ

キシノウエトタテグモより発生。沖縄の島々では発生環境や発生期が本土と異なる。東京周辺の公園でも見つけることができる。完全型のイリオモテクモタケはごく稀。地生。不完全型。

㊶ギベルラタケ

クモより発生。沢沿いの木の葉裏など。気生。不完全型。完全型はトルビエラ属（一種ではない）。

㊷クモノオオトガリツブタケ

微小なクモより発生。土手から垂れる植物の根の先端などに着生している。気生。完全型（T）。

㊸エリアシタンポタケ類似種

ツチダンゴより発生。東北地方で見つかっているエリアシタンポタケに似た種類。屋久島産。この種はこの本で初めて紹介される。地生。完全型（C）。

㊹ハナヤスリタケ

ツチダンゴより発生。北海道から南西諸島まで広く見られるが、地域によって発生期は異なる。地生。完全型（C）。

㊺ミヤマタンポタケ

小型のツチダンゴ類より発生。地生。完全型（C）。

㊻ヌメリタンポタケ

ツチダンゴより発生。地生。完全型（C）。

僕が二〇年間で実際に見ることのできた冬虫夏草は、ここに図示できなかった若干種を含め五〇種ほどになる。

なお冬虫夏草の同定には、以下の図鑑を参照されたい。

『冬虫夏草菌図譜』小林義雄・清水大典　保育社　一九八三

『原色冬虫夏草図鑑』清水大典　誠文堂新光社　一九九四

『カラー版冬虫夏草図鑑』清水大典　家の光協会　一九九七

冬虫夏草《とうちゅうかそう》の謎

盛口満

丸善出版

冬虫夏草《とうちゅうかそう》の謎◉目次

パート1◉冬虫夏草を食べてみた

僕がずっと黙っていたわけ

「ハブだ」

その声に車を急停車させる。

夜の林道。車のライトに照らされて、五メートルほど先の舗装《ほそう》道路にハブの体が光って見える。

「おっ、こりゃいい。嬉しい、嬉しい」

助手席の友人は、後部座席から柄《え》つきの捕虫網を取り上げると、そそくさと車から飛び出していった。

捕虫網の柄《え》を使って、ハブの頭を押さえにかかる。ところが体長一・六メートルほどもあるハブは力強く、なかなかうまく押さえられない。反転したハブは、道脇《みちわき》の草むらにするすると体をもぐらせていった。

友人は、ハブの尻尾をつかんで引っ張り出そうとする。が、これもうまくいかず、結局ハブは繁みの中へと消えていった。

僕は、運転席に座ったまま、この一連のシーンを半ば固まって見ていた。

「やー、よかったっす。力が強くて捕まえられなかったけど、ハブに触れましたもん」

いまだ興奮さめやらずといった面持ちで、ヘビ好きの友人が戻ってきた。

僕がここ沖縄に住みついて、もう六年になる。この沖縄には、猛毒を持つハブがいる。

「銀ハブを捕まえたから、絵を描きに来ない？」

知人からそんな電話がかかってきたこともあった。銀ハブとは、珍しいアルビノ（色素の欠けた個体）のハブのことだ。いやとも言えず、出かけていってプラスチックケース越しにハブの絵を描くはめになった。

「ゲッチョ、ハブを描きたいでしょ」

また別の友人は、わざわざ家まで生きたハブを持ってきた。ハブと同居した三日間、僕は生きた心地《ここち》がしなかった。

沖縄の「生き物屋」は、一般にハブが好きだ。沖縄に住みついて、そのことを知った。ハブが嫌いなんて、生き物屋の風上にもおけん――そんな風潮さえある。

ところが僕は、ハブが苦手だ。今頃になって言うとは何事か。そう言われそうで、これまでずっと黙ってきた。

ジレンマに悩みつつ

朝の光の中。沖縄本島の北部、ヤンバルと呼ばれる森を流れる沢を行く。

長靴をはいて、一人、沢の中をじゃぶじゃぶ歩く。しばらく行くと、沢の脇《わき》にシダの繁った平地があった。

左手に握った捕虫網の柄《え》で草をかき分け、一歩踏み込む。ハブがいてもおかしくはない。こんな所で咬《か》まれて倒れても、きっと誰も見つけてはくれないだろうな。そんな思いが頭をよぎる。

僕はハブが苦手だ。しかし生き物屋の端くれである。見たいものがあれば、ハブのすむ森にだって入らざるをえない。当初はむやみに恐かったものの、やがて六年もほっつき歩くと、そうそうハブに出会うものでないことを知る。一方で、半ば押しつけられて同居したハブを観察してしまったせいで、ハブのアタック時の素早さは実見している。ついうっかりしていて、やる気満々のハブに近づいたらどうなるかは、想像するにかたくない。

ハブ
頭をもたげて、ゆらゆらさせている時は、攻撃体制に入っている。

そもそも「生き物屋」ないし「生き物オタク」というものには、暗く、鈍《どん》くさいイメージがあるかも知れない。しかし、である。毒蛇のハブと果敢《かかん》に格闘する面々のほうが〝普通〟なのだ。一流の生き物屋の動きは、生き物相手にトレーニングしているだけあって、かなり素早い。それが普通なのだけれど、残念ながら僕はかなり鈍《どん》くさい。自分が鈍《どん》くさいのがわかっているから、とりわけハブが苦手なのだ。ちなみに、ヘビのすべてが嫌いだというわけではない。

そんなことを考えつつ、左手の柄《え》は下草をまさぐっている。目は、地面や朽《く》ち木をくまなく追っている。

丸々二時間、こんな状態では精も根も尽《つ》きはてる。結局、この日、目指すものは見つけられなかった。どうも夏も盛りになりすぎて、沢沿いの森でも乾燥気味だ。もう時期は過ぎたのだろう、来年はもっと早く、梅雨の頃に来てみようか。しかしそんな時期はますますハブが出そうである。

ジレンマに悩みつつも僕が探してやまないもの、それが〝冬虫夏草〟である。

何というカッコよさ

冬虫夏草は一言で言ってしまえば、虫に生えるキノコだ。ただ、より正確に説明しようとすると、なかなかやっかいでもある。だから、少しずつ説明していこうと思う。

森に入っても冬虫夏草が一本も見つからない時がある。逆に、見つかると、とても嬉しい。それが今まで見たことのない種類だったりすると、森の中で叫び出したくなるほどだ。一人、ガッツポーズを取っていたりする。

ヤンバルの森で、僕が最初に出会った冬虫夏草は、そんなガッツポーズ級のものだった。

道幅二メートルほどの山道から、踏みあと程度の細道に入り込んでしばらく。僕の目は斜面の下からつき出ている一本の細い〝もの〟に釘《くぎ》づけになった。顔を近づけよく見る。怪《あや》しい。

こういう瞬間、僕からは完全にハブへの恐怖心が吹っ飛んでいる。珍品の冬虫夏草とハブがたまたま隣り合わせたら、恐らく咬《か》まれるだろう自信（？）がある。

見つけた細いものの下の地面をそっと掘る。土の中から虫が出てくれれば「当り」だ。やった。ハチが出てきた。

体長一七ミリほどのホソアシナガバチの仲間の首元から、五七ミリの細長いキノコが生えている。キノコの先端近くにはややふくらんだ白色部があり、よくよく見ると、この白色部には小さな黒い点々がある。

ツキヌキハチタケ⓬という種類だ（本文中の白抜き数字は口絵と対応。以下同様）。図鑑でその姿は見知っていたが、実物を見るのは初めてだ。そして、沖縄島からこの種類が発見されるのは初めてのことになるだろう。

何よりも冬虫夏草はカッコいいと思う。例えばハチにキノコが生えていて、そしてそのキノコも普通の傘《かさ》の形なんかしていなくて、実に独創的な形をしている。

僕は、虫も好きだし、キノコも好きだ。すなわち冬虫夏草を見ると二倍得した気分になる。

この日、ルンルン気分で歩いていたら、すぐ後ろでガサッと音がしてハブが走り去って行く様が見えた。僕はハブのすぐ横を歩いていたのだが、まるで気づいていなかったのだ。

矢も盾もたまらない

別の日。

例のごとく草むらを捕虫網の柄《え》でかき分けつつ地面とにらめっこしていたら、ごく細い朽《く》ち木から、気になるものが突き出ていた。一〇ミリほどの、白い角状のものが二本、突き出ている。どうやらカビかキノコだ。試しに朽《く》ち木を割ると、中から菌糸《きんし》に半ば覆《おお》われた、七ミリぐらいの塊《かたまり》が出てきた。

「冬虫夏草かなぁ。一応持って帰ろう」

この時はその程度の思いだった。

家に戻ってから、この「冬虫夏草」を実体顕微鏡で拡大して見てのけぞった。

白い突起を出している塊《かたまり》は卵塊《らんかい》だったのだ。一つ一つの卵は長径〇・五ミリほど。

数ある冬虫夏草の中でも、卵から発生する種類というのは、カマキリの卵のうから出るものと、もう一つしか知られていない。そのもう一つの名はシロタマゴクチキムシタケ。秩父《ちちぶ》、八丈島、台湾と飛び離れた三ヵ所でしか見つかっていない、超珍しい冬虫夏草だ。そんなものが沖縄島から見つかった?

ただし、僕の見つけた個体は、卵塊《らんかい》から二本のキノコが鬼の角のように生えているもの。本当のシロタマゴクチキムシタケなら、白い角状のキノコの表面に、同じように白い粒々がいくつもついているはず。どうやら成長しそこねたのか未熟なのか、ともかく種名を確定するには至《いた》らない標本だった。

このシロタマゴクチキムシタケは卵塊《らんかい》から発生しているのだけれど、それがいったい誰の卵塊《らんかい》なのかさっぱりわかっていない。朽《く》ち木の中に球状に卵を産み込むもの。頭をひねってもそれらしきものが容易に浮かばない。ハサミムシ、クモ、ムカデ等々。あてはまりそうでどこか違うようだ。僕が、この卵の主を、日本で初めて判明させることができないだろうか……そんなことを考えるとわくわくしてしまう。矢も盾《たて》もたまらなくなり、森の中へ入りたくなる。

なぜそんなに知られてないのか

「冬虫夏草って、何ですか？　花鳥風月とかと同じ？」

ある観察会で冬虫夏草の話をしたら、こう問われてガクッときたことがある。花鳥風月と同じなのは、たんに漢字四文字ということだけじゃないか……。

ここまで僕自身と冬虫夏草の出会いを少しばかり紹介したが、一般に冬虫夏草という生き物は、どれだけ認知されているだろうか。

現在僕は沖縄県那覇市に住んでいて、週に二回、珊瑚《さんご》舎《しゃ》スコーレという小さなフリースクールで講師をし、週

僕が見つけた不思議なもの。

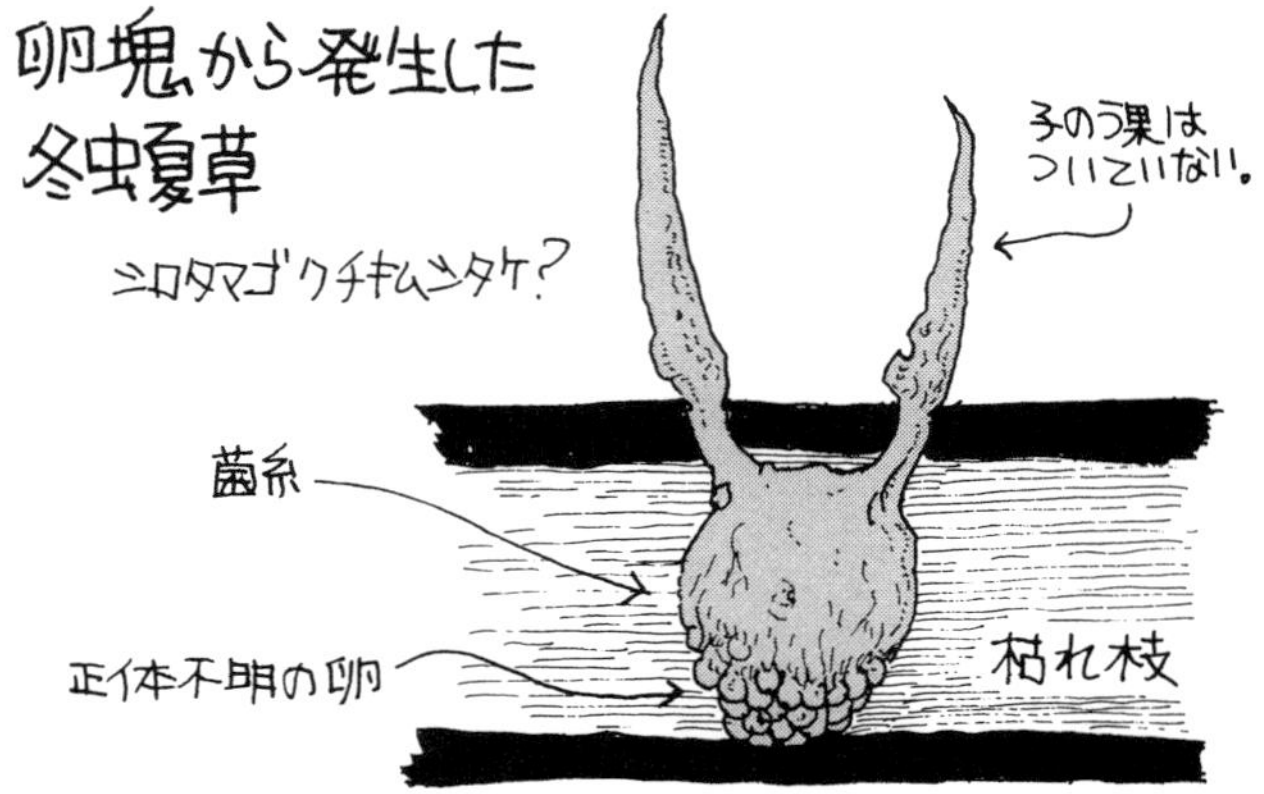

一回は近所の私立大学で講義を受け持っている。いい機会だと思い、その大学の学生たちにアンケートを試みた。

「冬虫夏草を知っているか」

イエスと答えたのは、二五六名中、一割程度の二九名だった。僕が思っていた以上に認知度が低いのに驚かされた。

「漢方薬?」

「昔、中国の陸上選手の強さの秘密とか言っていたような……」

「グルメマンガで見たことがある」

名前を知っている場合でも、こんな断片的な知識しかないというのが実情のようだ。

これはいかん。いやもったいない。そう思う。

日本は世界でも有数の冬虫夏草の産地なのだ。それに冬虫夏草についての研究も盛んで、アマチュア研究家の団体さえある。冬虫夏草はもっと知られてもよい存在だ。ただ書店で見回しても、冬虫夏草について書かれた本は少ない。

本格的な図鑑や漢方としての利用の仕方に関する本はあるものの、冬虫夏草そのものについての一般書は見あたらない。かつて僕は『冬虫夏草を探しに行こう』(日経サイエンス社)という本を書いたが、これは関東の里山での身近な冬虫夏草の探し方と、それらをとりまく謎を紹介したものだった。この本も、現在絶版となっている。それで僕は、今回、沖縄など南の島の冬虫夏草を主役として、最近わかってきたことなどもできるかぎり取り入れながら、冬虫夏草そのものの全体像について紹介しなおしてみたいと思った（屋久島産冬虫夏草のリストは巻末を参照）。この本を手に取ってくださったことを機に、冬虫夏草に目を向ける人が一人でも増えれば著者としてこれほど嬉しいことはない——と、普通は「あとがき」で述べるようなことをここで言ってしまおう。

そもそもの元祖とは

さて、まずこの本の主役である冬虫夏草という用語について整理しておきたい。

そもそも冬虫夏草という呼び名は、中国でつけられたものだ。現在も、漢方薬名に冬虫夏草という名称がある。

『原色和漢薬図鑑（下）』（難波恒雄、保育社刊）によると、冬虫夏草という名は、中国の文献上、清《しん》の時代に書かれた『本草従新《ほんぞうじゅうしん》』（呉儀洛《ごぎらく》、一七五七年）に初めて登場するという。ただ、それ以前からすでに薬用とはされていたらしく、一七二六年にフランス人の宣教師ジェズイットが市場で冬虫夏草を入手し、パリへ送っている。そして翌年、学界発表された。

この中国産の冬虫夏草は、標高四〇〇〇メートル近辺の草原にすむコウモリガの一種（*Thitarodes* 属の仲間）の幼虫に取りつく菌だ。本来、この〝元祖《がんそ》〟冬虫夏草のみが冬虫夏草と呼ばれていたのだが、やがて同様に虫に取りつく菌すべてをひっくるめて冬虫夏草と呼ぶようになった。元祖《がんそ》冬虫夏草は学名を「コルジセプス・シネンシス」と言う。この本では、以下、混乱しないように、この元祖《がんそ》を指す場合はシネンシスと呼びたい。そして、冬虫夏草と呼ぶ場合は、この菌の仲間全体を指すこととする（ただし一般的な漢方薬名として登場する場合も含める）。

病気になる人、ならない人

「冬虫夏草って、見つけたら売れるの？」

珊瑚舎《さんごしゃ》スコーレの生徒たちに冬虫夏草の話をすると、必ずこう聞かれる。元祖《がんそ》冬虫夏草のシネンシスが漢方薬としてあまりにも有名だからである。

ここで世間一般にある誤解を解いておきたい。冬虫夏草を採っても一文《いちもん》にもなりません。残念ながら〝売れる〟対象ではないのである。

それなのに、冬虫夏草のことになると目の色を変える人がいる。いわゆる「冬虫夏草屋」という人々がこの世の中には存在するのだ。それもほとんどがアマチュアの研究家たちである。

冬虫夏草屋は冬虫夏草のことを愛情を込めて「虫草」と呼ぶ。そして「坪《つぼ》」「ギロチン」「お座敷」など、仲間うちでしか通用しない特別な〝業界用語〟も持っている（これらについては、おいおいと説明していく）。

家族旅行をしていても冬虫夏草が生えていそうな場所に出くわすと、とたんにそわそわしてしまう。自殺ポイントとして有名な滝つぼに近づこうとした人もいる。ハブがうようよ出る山中で遺書がわりのメモ帳をしのばせ、懐中電燈片手に夜遅くまでうろつく人がいる。そして年に一度、日本のどこかの森に「虫草祭《ちゅうそうさい》」という怪《あや》し気《げ》な看板が立てられ、ひそかに全国各地から冬虫夏草屋が集まってくる。もうほとんど〝病気〟である。

一方で、病気にかからない人もいる。

「キノコがついてなきゃ、いいんだけどね」

珊瑚舎《さんごしゃ》スコーレの、虫好きではあるがキノコ嫌いの生徒があっさりとそう言った。キノコがなかったらただの虫の死体ではないか。

「それって、たんなるキノコでしょ」

ハブはもちろん、ゴキブリやカマドウマだって大好きな友人は、僕が冬虫夏草のことを夢中で話すと、そう一言で切って捨てた。

「何が面白いのかしらね?」

冬虫夏草を追っている友人の一人は、奥さんに日々、そうつぶやかれている。

こういった人たちは、冬虫夏草病に免疫《めんえき》のある人たちだ。

また一方で、それまで冬虫夏草のことをまったく知らなかったのに、ちょっと紹介しただけで夢中になって探し出す人もいるのである。それは、小学生でも、である。

ある夏の一日。僕はそんな小学生たちと冬虫夏草を追っかけたことがある。まずはその時のことを紹介しつつ、冬虫夏草のイロハについて語っていきたいと思う。

いざ鎌倉へ

「ゲッチョセンセー!……」

そう叫びながら、笑顔で駆け寄ってくる子どもたち。こう書くといかにもうるわしい感じだが、しかしワラワラと寄って来た子どもたちは、一瞬の後には「ゲッチョ」と僕を呼び捨てにし、すぐさま一斉《いっせい》に好き勝手な話を始める。

「ゲッチョって、結婚してんの？」

「ゲッチョの本を持ってきたけどさぁ、なんかゲッチョの描いた人間の絵って恐いよ」

大きなお世話である。

とにかくうるさい。

真夏の日射しが照りつけるなか、僕らが落ち合ったのはJR鎌倉駅前だ。

「今日、どこに行くの？」

「これから考えるところ」

「それで冬虫夏草、見つかんの？」

「うーん、あるといいんだけどね。晴天続きで乾燥してるかも知れない……」

僕らが鎌倉にやって来たのは、冬虫夏草を探すためである。名付けて「鎌倉虫草団」。

一行の団長はナカマさんである。ナカマさんは、とある教育研究所に勤めていて、僕と子どもたちを引き合わせた張本人。やかましい団員は小五のコーキ、ユーダイ、リョウタ、それに中一のコータと中二のケイ。

駅前広場で地図を広げ、行動予定を立てる。といっても、鎌倉虫草団顧問《こもん》であるはずの僕が、鎌倉の地理にうとい。

「とりあえず、鶴ヶ岡八幡宮に行ってみようか」

鎌倉の顔の一つであるこの神社を第一の目標地点と定める。歩いてたかだか一〇分ほどの所だ。

「この前ね、クラゲが海岸にいっぱい打ち上がってたんだよ。だからスコップできざんでナタデコみたくして……」

移動中もユーダイたちのおしゃべりは止まらない。

見事、発見！

鶴ヶ岡八幡宮の鳥居《とりい》をくぐって、境内へ。参道は夏休みとあって多くの人々でにぎわっている。その参道は、白くからからに乾いていていた。

冬虫夏草は虫に生えるキノコだ、と書いた。そしておおかたのキノコ同様、湿り気のある場所を好む。うるさい一団を引き連れつつ、「これは探すのが難しいかも」とやや不安な気持ちになってきた。あちこち見回す。参道から枝わかれした小道の木陰の土が、黒く湿って見えた。そちらへ行ってみる。

小道沿いにマテバシイやクスが植えられている。確かにここは地面が湿っていた。が、その木陰は実に奇麗《きれい》に掃き清められ、落ち葉一つない。どうやら毎日、掃除がされているようだ。もし冬虫夏草が生えたとしても、これではほうきでかき取られてしまっているに違いない……。

未練《みれん》たらしく、なるべく掃除の行き届いていない木陰を探し回った。やがて、ナカマさんが「これ違う？」と言って近寄って来る。その手の中に、見事、冬虫夏草が収まっていた。

長さ五センチほど。根元の部分は、土に覆《おお》われた袋状になっている。そこから肉質の白い柄《え》が伸び、棍棒《こんぼう》状の頭部には、うす紫色をした粉がついている。根元の袋を切り開いてみると、すっかり白い菌《きん》糸《し》に覆《おお》われた、脚先の一部しかそれとわからないクモが入っていた。

「当り！　クモタケ㊵です」

これで、がぜん、やる気が出てきた。子どもたちも、てんでに地面とにらめっこ。

ややあってコーキが「これ違う？」と声を上げた。それは、ほうきの届かない切り株の狭いすきまから顔を出したクモタケ㊵だった。

都内の穴場

クモタケ㊵は、地中に縦にトンネルを掘って暮らすキシノウエトタテグモから発生する冬虫夏草だ。

クモと言うと木や草に網を張っている姿ばかりが思い浮かぶが、中にはこんな地中での暮らしをしているクモもいるのである。

日本産のクモは、一二〇〇種あまりが知られているが、地中に巣を作るクモはそのうち一〇数種。最も身近に見られるものはジグモである。

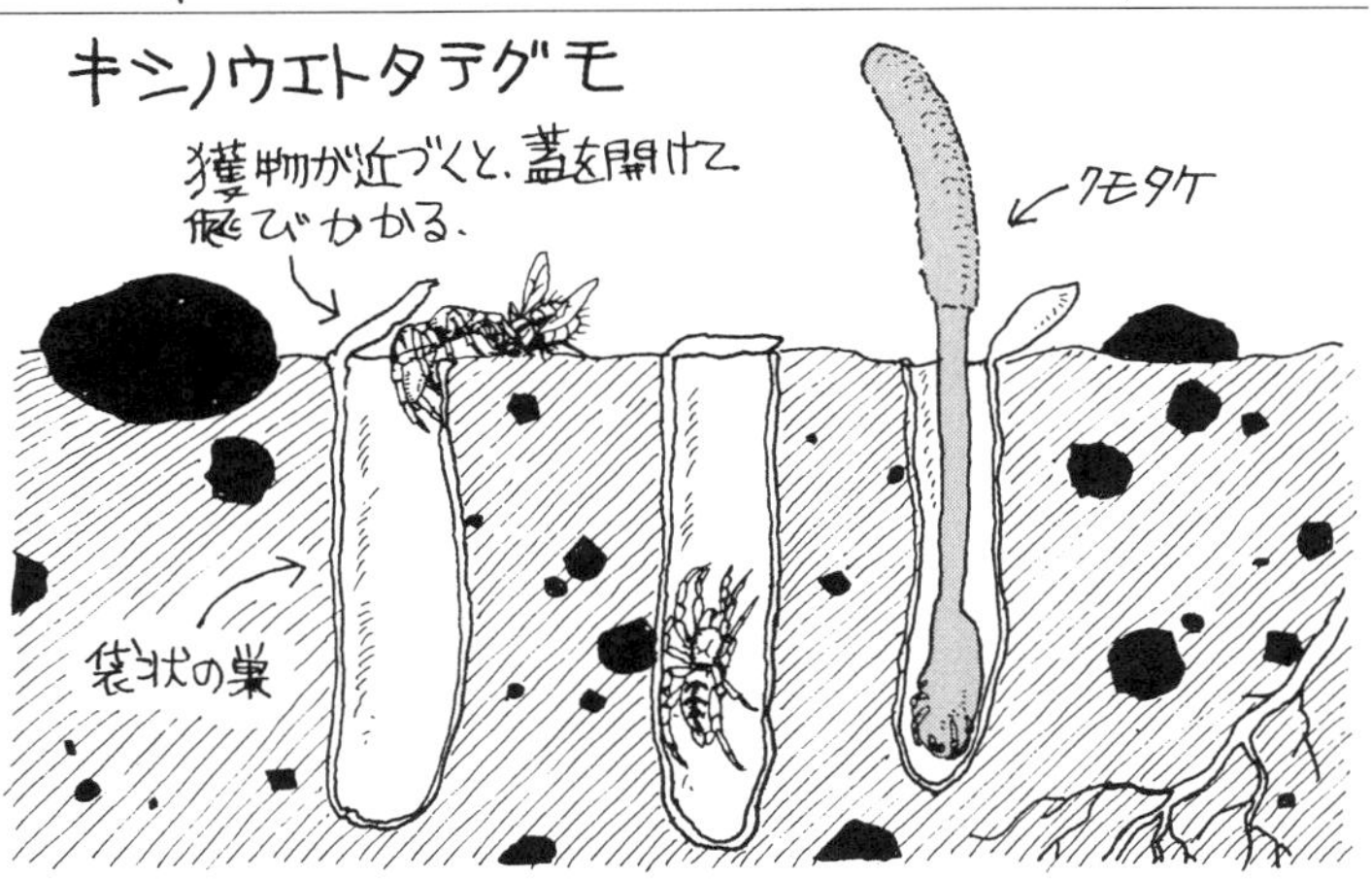

キシノウエトタテグモの場合、地面に掘ったトンネルの内側は糸でつづられ、さらに糸で上手に蓋《ふた》もこしらえる。この蓋《ふた》を持ち上げ様子をうかがい、近くを通りかかった獲物《えもの》を襲《おそ》って食べているのだ。そして、驚かすと蓋《ふた》を閉じ、トンネル内に引きこもってしまう。蓋《ふた》の表面には土などが張りついているため、蓋《ふた》を閉じてしまうと、どこに巣があるのかわからないほどだ。だから、近くにキシノウエトタテグモがすんでいても、それと気づかぬことも多い。

逆に、クモタケ㊵が取りつくと、キノコは蓋《ふた》を押し上げ、地上部に姿を現すため、初めてその場所にキシノウエトタテグモがすんでいたことに気づいたりする。

東京都内でもあちこちの公園や神社にこのクモとこのクモタケ㊵がすみついている。中でも飛び抜けて多いのが原宿《はらじゅく》にある明治神宮だ。クモタケ㊵の発生期に、地面を注意して見回って歩けば、あきれるほどのクモタケ㊵が生えていることに気づくだろう。

クモタケ㊵は一年のうちでも、梅雨の終わり頃の短い期間に発生する冬虫夏草だ。年によっても変動があると思うが、ある年に明治神宮で調べたところ、六月下旬から発生を確認し、七月上旬にそのピークを迎えた。

僕らが鎌倉で冬虫夏草を探したのは八月上旬。クモタケ㊵発生期としては、ほぼ終了期だったのだけれど、幸いまだ何本かは見ることができたというわけだ。

「うーん、一本は見つけたいよー」

おしゃべり星人、小五のユーダイが、ちょっと悔《くや》しそうに言う。そもそも、僕が鎌倉虫草団顧問《こもん》であるわけは、彼にある。

ある夏の夜のこと

三年前の夏。僕は群馬の山中にいた。

東京や神奈川の子どもたちを集めたサマーキャンプに、僕は講師として呼ばれていた。そのキャンプの主催者がナカマさんだった。

キャンプには、野外生活のプロ（テレビの野人王選手権でチャンピオンになったという青年、通称ヤジン）やら、キャンプファイヤーのプロなんかも呼ばれていて、僕の役どころは動物や虫のことを子どもたちに教えるというものだった。

そのキャンプのある日、林の散策に出かけた僕は、偶然、冬虫夏草を見つけた。

一つは土の中に埋《う》まったガのサナギから発生したサナギタケ⑰。土にまみれたマユに包まれたサナギから、三センチほどのオレンジ色のキノコが出ていた。キノコは棍棒《こんぼう》状で、よく見ると表面に小さな粒々がある。

もう一つは道脇《みちわき》の岩の崖《がけ》にくっついていた、数ミリから一センチくらいの小さな冬虫夏草。網を張る小さなクモが菌にやられ、菌糸《きんし》で岩の表面に張りつけられ、そしてそのクモのあちこちから白いキノコが立ち上がっていた。柄《え》の部分は細いが、頭部はふくらみ、その頭部に黄色い粒々が点在している。その姿からハスノミクモタケ㊲と呼ばれている種類だ。

それまで、参加していた子どもたちとはカブトムシ探しなんかをしていた。だから、冬虫夏草を見つけても、こんなものおよそ子ども向きじゃないよなぁと思っていた。個人的に嬉しい……というくらいの気持ちだった。

ただ、夕食後、ちょっと暇ができた。そこで、持ち歩いていた実体顕微鏡で冬虫夏草を子どもたちに見せる気になった。

「冬虫夏草？　知ってるよ。レアモノなんでしょ」

一人の子がそんなことを言うので笑ってしまった。時に、大学生より小学生のほうがものを知っていたりする。

「けっこう、恐い」

拡大されたハスノミクモタケ㊲を見て、何人かの女の子はこう言った。

「種類って、いろいろあるの？」

そんなことを聞く子もいた。思いのほか、冬虫夏草は子どもに受けた。

そして、そんなやりとりの中、ユーダイが冬虫夏草にはまったのだ。

冬虫夏草を食べてみた

「人の話を聞け！　注意を聞かないと、命にかかわったりするんだぞ！」

ヤジンの怒声《どせい》が響く。問いつめられて半泣きになっていたのが当時小二のユーダイだった。

とにかく、落ち着きがない。キャンプの注意事項が伝達される時も、虫が飛べばもうそっちを追いかけそうになる。結果、終始怒られてばかり。その意味で、かなり目立つ存在だった。

ところがこのユーダイ、水場に洗い物に行った帰り、ひょいと僕のところに寄って来て、「葉っぱの裏に白いものついてたよ。冬虫夏草?」なんて聞くのだ。半信半疑でついて行くと、まさにそう。葉に張りついたクモの全身から、ごくうすい紫色の粉状の胞子《ほうし》をつけた突起が何本も出ている。ギベルラタケ㊶だった。これには驚いた。

以後、林を歩きながらも、真っ先に岩肌《いわはだ》に張りつくハスノミクモタケ㊲をいくつも発見し、さらに僕を驚かせた。

その二年後。すなわち昨年、僕は再び山中のキャンプに参加し、四年になったユーダイと再会する。

「これ、冬虫夏草でしょ?」

雨上がりの林道を歩いていたら、岩肌《いわはだ》に張りつくハスノミクモタケ㊲を指して、一人の男の子がそう言った。それがユーダイだったのだが、名前を聞くまで、まるでわからなかった。彼は、体が成長しただけでなく、精神的にもぐっと大きくなっていた。怒られ役だったユーダイは、今やキャンプの中心的存在になっていたのだ。

「ここにもある!」

再会したユーダイは、パワーアップしていた。僕が見つけるよりも早く、次々に冬虫夏草を見つけていく。

そして、「冬虫夏草を食べたいな」なんて言い出した。その気になって集めだす。ガのサナギから黄色の柄《え》を伸ばし、枝わかれした先端部に白い胞子《ほうし》の塊《かたまり》をつけたハナサナギタケ㉒。それに先のハスノミクモタケ㊲。

見つけた個体はいずれも小さなものだったけれど、よくよく見ればそれぞれがグロテスク。それを集めてトリガラスープで煮る。

「うまい！」

「冬虫夏草、食っちゃったー！」

ユーダイやその悪友たちの喚声《かんせい》が、夜空に響いた。もちろん僕も食してみた。味は……単なるトリガラスープと変わりなかった。

こんな出会いを経て、僕は鎌倉虫草団顧問《こもん》を引き受けた。ユーダイらの目を借りれば、きっと面白い発見があるだろうと思ったからだ。

粒々と粉々と

ここで冬虫夏草の「体」について見ておこう。

ユーダイたちは喜んで冬虫夏草のスープを口にしたけれど、普通は、冬虫夏草を口にするのを躊躇《ちゅうちょ》する人のほうが多い。なにせ虫が根元についているのだから。

「大丈夫。虫といっても中身はすっかり菌糸《きんし》に置き換わっているから」

一応、僕はそう言うことにしている。冬虫夏草は、虫の体を栄養にして育つ。キノコが伸びている状態では、すでに根元についている虫の中身は菌糸《きんし》だけ。当然、食べても虫の味なんてしない。

ちなみにグルメマンガに登場したりするため、冬虫夏草をとっても美味しいものと思っている人もいるが、そんなことはない。お酒に漬《つ》けたシネンシス（元祖《がんそ》冬虫夏草）を食べたことがある。三五度の焼酎《しょうちゅう》に漬《つ》け込まれたものだったが、酒のほうは酸味と甘味を抜いた梅酒のような風味がした。一方シネンシス自体は、ごくうっすらと苦味がある。いずれにせよ、旨味というようなものは感じられなかった。中華料理の食材とされるのは、薬膳《やくぜん》的意味あいからだろう。

さて、この菌糸《きんし》のつまった虫から伸びているキノコ(「子実体《しじつたい》」と呼ぶ)は、大きく柄《え》(子座柄《しざへい》)と頭部(結実部)に分けられる(プレート17参照)。種類によってこれがはっきりと分けられるものと、境界があいまいなものがある。

そしてこの頭部に粒々がついているものと、粉々がついているものがある。前者はサナギタケ⑰などで、後者がクモタケ㊵などだ。この二つには、実は大きな違いがあるのだけれど、これは次のパート2で詳しく説明したい。ここでは仮に「粒々タイプ」と「粉々タイプ」とでも呼びわけておこう。

粒々タイプの中には、柄《え》を作らないで虫の体表に直接粒々のある頭部がくっついているように見えるものもある(口絵のコブガタアリタケ⑮やシロツブクロクモタケ㊳など)。また、子実体《しじつたい》の中に粒々が埋《う》め込まれている

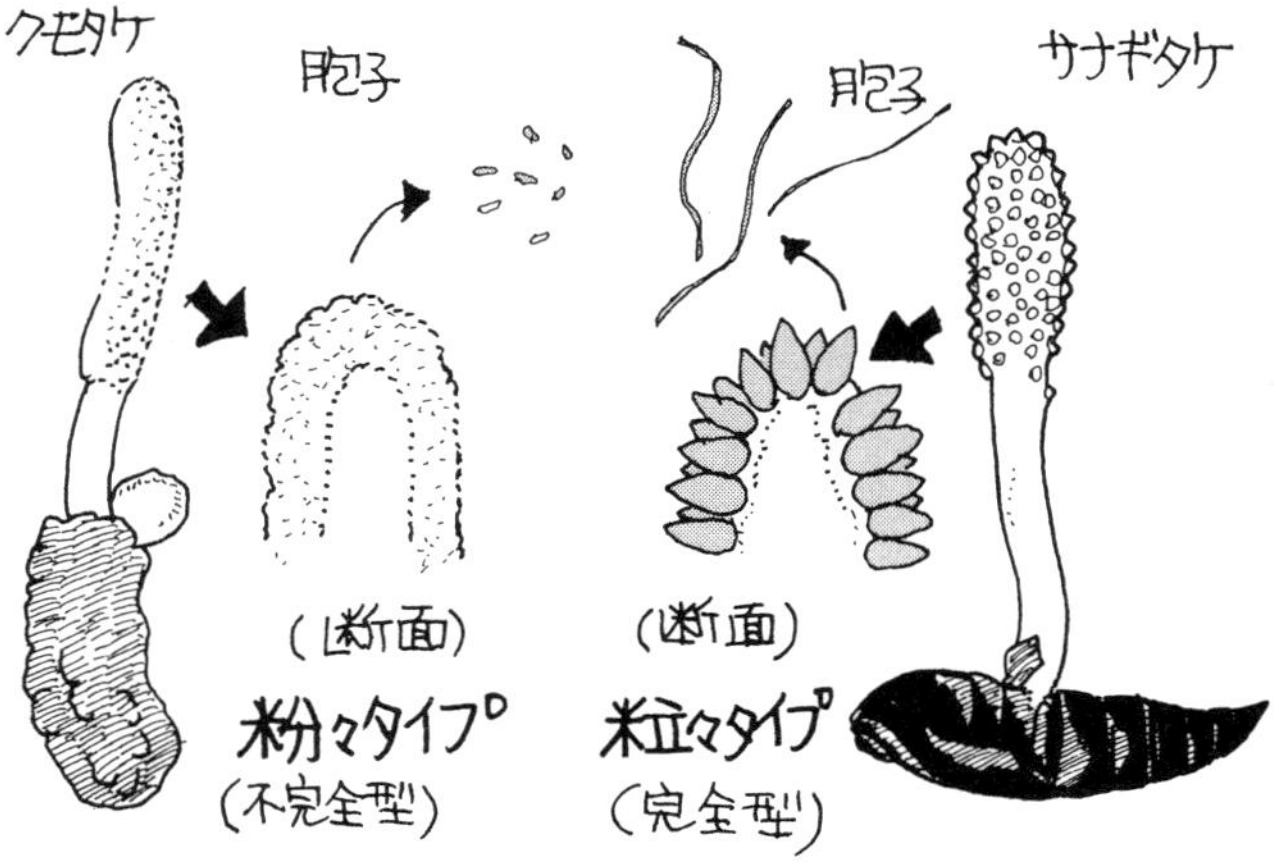

ものもある（カメムシタケ❼など。埋生型《まいせい》と言う。プレート17参照）。この場合でも、子実体《しじつたい》の表面をルーペで拡大して見ると、粒々の先端部が点々と並んでいることが見てとれる。ちなみにこの粒々、専門用語では「子のう果」と呼ぶ。

粒々と粉々。

地上に突き出たそれらしきキノコで、まずこんな特徴があったら冬虫夏草の可能性が高い。注意深く地面を掘ってみてみよう。

標本として保存する

首尾よく粉々タイプのクモタケ㊵を見つけた鶴ヶ岡八幡宮を後にして、僕らは新たなポイントを探してみることにした。鎌倉は低い山並が入り込み、そのふもとまで人家や寺社が建ち並んでいる。道に迷いつつ、冬虫夏草の好みそうな、木立があって湿気の多そうな場所を探す。

その道々、すっかり冬虫夏草モードに入ったユーダイたちとやり取りを交わす。

「冬虫夏草って、どんなふうに保存したらいいの？」

先にクモタケ㊵を見事に見つけたコーキが聞く。

「基本的には机の上なんかに置いておいて、自然乾燥させればいいよ。ちゃんと乾燥したら、カビや虫がつかないようにビンとかに入れておくんだ。乾燥剤や防虫剤を入れとくともっといいね」

「生のまま保存する方法はないの？」

「アルコールに漬《つ》けとけばいいよ」

「マキロン（消毒剤）は？」

「マキロンはちょっとなぁ……」

「じゃあ焼酎《しょうちゅう》は？」

「三〇度以上ならいいよ」

こんなふうに冬虫夏草標本には二通りの保存法があり、それぞれに一長一短がある。乾燥標本はお手軽で場所を取らない。研究用にもこちらが適している。ただし物にもよるが、しなびると元の面影がなくなる。一方、液浸《えきしん》標本は場所を取る。また色鮮やかなものはたちまち脱色されてしまう。ただ、透明なプラスチック板に、冬虫夏草をテグス糸で固定した液浸《えきしん》標本は、展示用には優れている。

結局、使用方法によって使い分けるのがいいだろう。またクモタケ㊵などの粉々タイプの冬虫夏草は液浸《えきしん》には適さない。かといって乾燥標本にしても、そう見映えのよいものとはならないが。

いずれの標本も、色、形が変化してしまうので、採ったら早めに写真を撮るとかスケッチをするのがいいだろう。

冬虫夏草は何につく？

「ゲッチョ、冬虫夏草って、虫以外にはつかないの？」

「クモにつくじゃない」

「そうじゃなくって、動物とかにつかないの？」

ユーダイはこう僕に聞く。同じようなことはよく聞かれる。「トカゲとかにつくのはないの？」とか。トカゲから子実体《しじつたい》が生えていたら、これはかなり恐いと思う。幸いそういうものはない。

「じゃあ、ゴキブリにつくのってある？」

「あるよ。日本でも数年前に見つかった」

「名前はやっぱりゴキブリタケ？」

「そうそう」

「それって珍しいの？」

コーキも会話に割り込んできた。

「そうだね。日本のゴキブリタケは九州でしか見つかってないよ」

「じゃあ、アリタケってある？」

「ムカデタケは？」

「カマキリにつく？」

「ダンゴムシタケってないの？」

ユーダイ、コーキに加え、リョウタも乱入してきた。

冬虫夏草はいったいどんなものに取りつくのか。その点についてまとめてみよう。

虫にもいろいろありまして

冬虫夏草は何に取りつくか？

それをまとめる前に、生物の分類群について復習しておきたい（分類は、大きなものから順に、界、門、綱、目、科、属、種という順番で分類されていく。それぞれの階級をさらに細かく分類するときには「亜」という言葉が使われる)。

例えばヒトは次のように分類される。

動物界
　脊椎動物門
　　哺乳綱
　　　サル(霊長)目
　　　　ヒト科
　　　　　ヒト属
　　　　　　ヒト(種)

同じようにゴキブリを分類してみる。

動物界
　節足動物門
　　昆虫綱
　　　ゴキブリ目
　　　　ゴキブリ科
　　　　　ゴキブリ属
　　　　　　・
　　　　　　・
　　　　　　クロゴキブリ(種)

ゴキブリもこうして書くとものものしい。

冬虫夏草が主に取りつくのは昆虫類（昆虫綱）だ。では、クモやムカデやダンゴムシとはどんな関係にあるのだろう。

節足動物門は多くの「綱」に分類されているが、それぞれはそれぞれ、次の「綱」に含まれる。

昆虫綱――ガ、カブトムシ、ゴキブリ、など

ムカデ綱――ムカデ

軟甲綱――ダンゴムシ、ヨコエビ、アミ、など

クモ綱――クモ、サソリ、ダニ、など

すなわち一口に「虫」と呼ばれる生き物たちだが、節足動物門の中でもそれぞれ独自のグループに分類されているのである。ダンゴムシはカニに近い仲間だし、この中で昆虫と縁が最も遠いのはクモの仲間であったりする。

そしてこれらの生き物たちの中で、冬虫夏草が生える（取りつく）のは、昆虫類のほかに、クモとダニ（クモ綱）だけだ。

明治期から昭和にかけての有名な博物学者、南方熊楠《みなかたくまぐす》は粘菌《ねんきん》をはじめとして菌類にも多大な興味を持っていた。当然、冬虫夏草についても著作の中で何度か触れている。

その一つに「ミミズ、ムカデ等にも、それぞれ別種の冬虫夏草を生ず」（松村任三あて書簡）というくだりがある。

冬虫夏草研究者であった故小林義雄博士は、このことについて「筆の勢いでそう書いてしまったの

だろう」という意味のことを書いている。つまり、現在に至《いた》るまでムカデやミミズから発生した冬虫夏草は見つかっていない。

冬虫夏草が取りつく相手のことを「宿主《しゅくしゅ》（寄主《きしゅ》）」と呼ぶこともここでつけ加えておこう。

虫に取りつき、虫を殺す

炎天下、僕らは汗みどろになりながら冬虫夏草を探して歩いた。

鶴ヶ岡八幡宮近くのお寺の境内や、山の中の散策路を探すが、あまり成果は芳《かんば》しくない。それでもユーダイたちは、トカゲを見つけては追いかけ、アリに似たハチにちょっかいを出しては刺され……と大忙しだ。その合間に虫草談議。

「ねぇねぇ、胞子《ほうし》を虫につけたら、冬虫夏草、生えんの？」

コータがまた面白いことを言う。

「うーんとね、虫の皮膚も人の皮膚みたいにね、普通は病原菌をシャットアウトしちゃうの。だから研究者に聞いたら、胞子《ほうし》の入った液を虫に注射しちゃうって言ってたよ」

「えーっ注射!? じゃあ人間にそれ注射したら、人間からも出る？」

脇《わき》で聞いていたユーダイも興奮。

これまで、冬虫夏草は虫に取りつくキノコだとさりげなく書いてきた。ではいったいどうやって取りつくのだろう。

「これって、死んだ虫から生えるの？ それとも虫を殺して生えるの？」

冬虫夏草の標本を人に見せると、まずそんな質問を受ける。冬虫夏草は虫に取りつき、その虫を殺して生える〝殺虫キノコ〟だ。

「種類がいろいろあるんでしょう？　じゃあ何で決まった虫に取りついたってわかるの？」

「間違った虫に取りついちゃった時は、どうなるの？」

珊瑚舎《さんごしゃ》スコーレの生徒たちは、こんなふうにも聞いてきた。

冬虫夏草に興味を持ちだしてからもう二〇年になるけれど、最初の頃、僕もこうした疑問に悩まされた。ようやく最近、いろいろな研究が進んだこともあって、少しずつその謎がわかってきたところだ。

じわじわと殺す

冬虫夏草の中でも、サナギタケ⓱はその生態がかなり研究されている種類だ。

サナギタケ⓱が取りつくのは様々な種類のガのサナギである。そしてその宿主《しゅくしゅ》の一つに、ブナの大害虫であるブナアオシャチホコがいる。そのことが、サナギタケ⓱の生態研究が進んだ要因だ。『ブナ林をはぐくむ菌類』（金子繁ほか編、文一総合出版）に詳しくサナギタケ⓱について取り上げられている。その内容をかいつまんで紹介しよう。

サナギタケ⓱の胞子《ほうし》は長さ〇・四ミリほどの糸状のものだ。子実体《しじったい》から放出されたこの細長い胞子《ほうし》は、やがて一二〇～一三〇くらいに分裂する（「二次胞子《ほうし》」と呼ぶ）。この二次胞子《ほうし》が発芽し菌糸《きんし》を伸ばす（プレート17を参照）。

サナギタケ⑰で、胞子《ほうし》がどのようにサナギの中に侵入するかはまだ確認されていない。しかしサナギは餌《えさ》をとることはないから、皮膚感染であることは確かだ。そして以前サナギタケ⑰が発生したことのある土壌《どじょう》の中に、生きたサナギを試験的に埋《う》め込んだところ、約一週間ほどで感染し、約四〇日ほどでサナギが死亡したことがわかった。

かつて冬虫夏草は電撃的に虫を殺すと言われていて、僕もそう思っていたのだが、実際はじわじわと宿主《しゅくしゅ》を倒していくもののようである。

サナギタケ⑰に感染し死亡したサナギはそのまま土中で一冬を越し、翌年の晩夏から秋に、子実体《しじつたい》を地上に伸ばす、ということである。

冬虫夏草ではないが、やはり虫に取りついて殺す一群のカビの仲間がいる。〝殺虫カビ〟というところ。このカビの研究から、サナギタケ⑰では観察されていない、虫へ取りつく瞬間の観察例が報告されている。種類は異なるけれど、おそらく冬虫夏草も同様のことをしていると思われる。

そこで、その話を少し紹介してみよう。

殺す相手は決まっている

カビの一種、エントモファーガ・グリリは、バッタに取りつく。この菌に取りつかれたバッタは、草にしっかりとしがみつき、ミイラ状になって死ぬ。

一九八六年に鹿児島県の馬毛島《まげしま》でトノサマバッタが大発生した翌年、このエントモファーガ・グリリによって大量のバッタが死亡し、大発生が終息したことがある。このカビは、胞子《ほうし》から発芽した菌《きん》糸《し》が、まるでドリル状になっていて、それで虫の皮膚にきりもみ状にねじり込む。その様子が観察されている。『虫を襲うかびの話』（青木襄児、全国農村教育協会）によると、本来は取りつく相手でない虫の体表に殺虫カビの胞子《ほうし》がつくと、その胞子《ほうし》は発芽しないか、あるいは発芽しても菌糸《きんし》が皮膚内に侵入できず、体表を這《は》いずったあげくに死滅してしまうという。この本の著者が、試しに本来カイコに取りつかないカビの一種をカイコに皮下注射したところ、そのカイコは発病、死亡という経過となった。

つまり、虫の菌に対する防御は、まず皮膚が重要ということになる。すなわち、ある虫に対して特殊な攻撃力を持ったカビだけは、皮膚の防御を突破して、体内にうまく入り込むことができるということになる。

冬虫夏草にも、おそらく同様のかけひきがあるのだろう。そのため、種類によって取りつく（取りつける）相手が決まっているのだ。間違った相手に取りついた場合、冬虫夏草は死滅する。

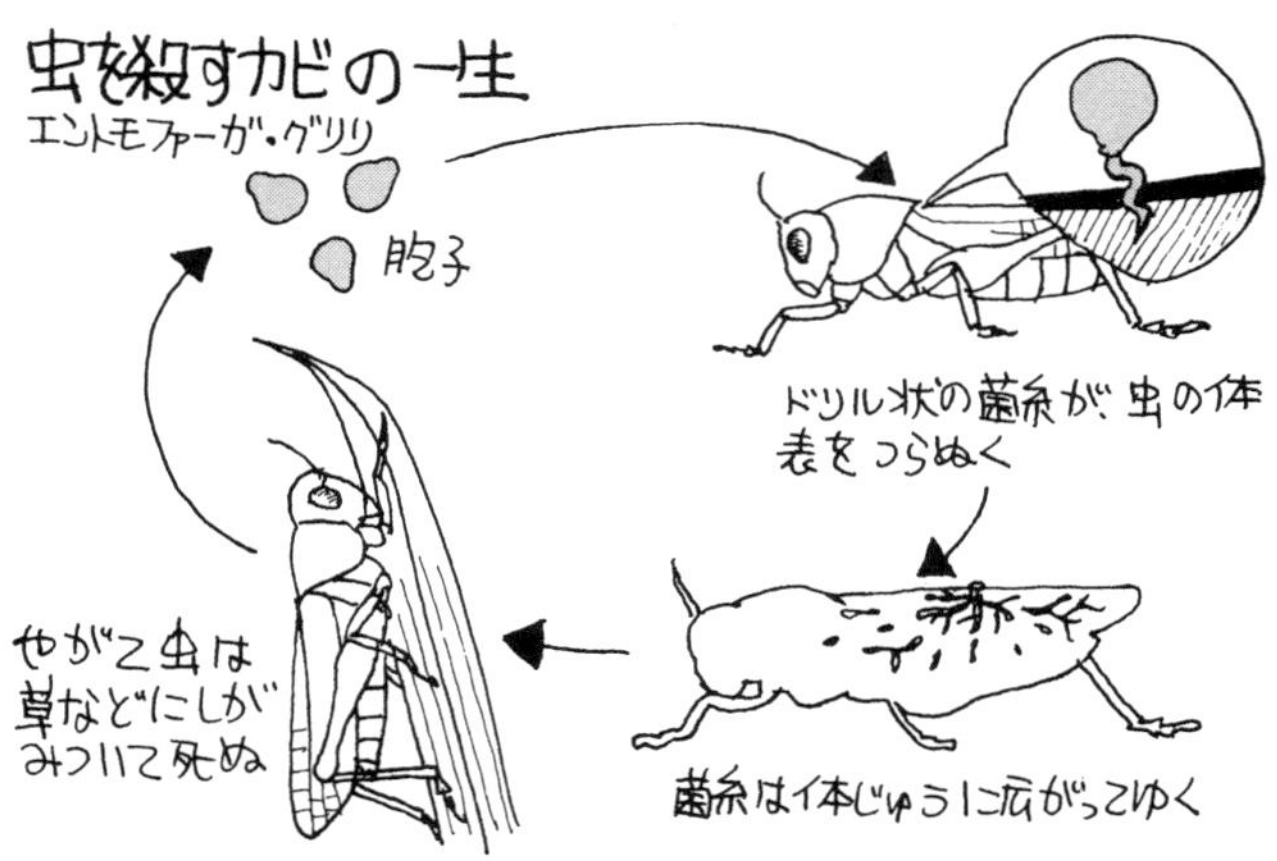

虫を殺すカビの一生
エントモファーガ・グリリ
胞子
ドリル状の菌糸が、虫の体表をつらぬく
菌糸は体じゅうに広がってゆく
やがて虫は草などにしがみついて死ぬ

血の中に入り込む

「血に生えるキノコってある？　そんなの、ないか……」

珊瑚舎《さんごしゃ》スコーレで冬虫夏草の話をしたら、生徒のシュンがそんな自問自答をした。

「いや、それがなくはないんだ……」

血に生えるキノコ、というよりは血の中で増殖する菌ということではあるけれど。

殺虫カビの一つ、メタリジウム・アニソプリアエをコメツキムシの幼虫に取りつかせた実験の話が『ブナ林をはぐくむ菌類』の中に登場する。

コメツキムシの幼虫の体表にその菌の胞子《ほうし》をつけると、やがて胞子《ほうし》は発芽し、菌糸《きんし》が体内に侵入していく。

体内に侵入した後はどうなるか。

菌糸《きんし》が一つ一つの細胞に切れて血管内に流れ出し、血液中でその一つ一つが分裂を繰り返し、さらに増殖していくのだという。その増殖の過程で毒素を作り出すので、取りつかれた虫は徐々に弱り死んでいく。最後は、一つ一つの細胞が再びもとの菌糸《きんし》に姿を戻し、虫の体をすっかり菌糸《きんし》の塊《かたまり》に置き換えてしまう。先のサナギタケ⑰の場合も、血液中でこうした一つ一つに切れた菌糸《きんし》の細胞が増殖していく様子が観察されているという。

「へーっ、じゃあさ、キノコがついたまま動いている虫とかはいないの？」

シュンは続けてこんなことも聞く。

冬虫夏草の場合、虫の体外に子実体《しじつたい》が現れるのは、虫の体が菌糸《きんし》に置き換わる最終段階の、そのまた後だ。サナギタケ⑰の例では、感染してから一年後だったりする。だから、シュンの言うようなことはないと思う。

ところが、である。昔の文献には「動く冬虫夏草を見た」という例がいくつか報告されているのだ。

死んだはずが動きだす

ヨーロッパに初めて冬虫夏草が紹介されたのは、フランス人宣教師が中国でシネンシス（元祖《がんそ》冬虫夏草）を手に入れ、本国に送ったことによる。これは先にも述べたように、一七二六年のことだ。そして一七四九年に、今度はトルビアという宣教師が、キューバでハチにつく冬虫夏草を見つけ、報告した。

『虫を襲うかびの話』によれば、その報告の内容は「そのうちの二匹のジバチは腹部から一本の木を成長させて死んでおり、他の三匹はそれらの木のまわりを飛び回っていた。しかもその飛び回っているジバチにも同様の木が生えていた」というものである。

また、かのファーブルも、『ファーブル植物記』（日高敏隆ほか訳、平凡社）の中で、「ニュージーランドでは、太い糸のように長くのびたキノコが毛虫の尻にとりつく（中略）。キノコに侵された不幸な毛虫は、しばらくのあいだ、自分を食って生きる植物の長い尾を引きずっている」と書いている。

ファーブルは、同書でハチタケ⑪のことを、「ハチの死骸《しがい》を分解して、土にもどすキノコ」と紹介していることから、どうも冬虫夏草についてはあまりよく知らなかったようである。

また、日本においても、子実体《しじつたい》をつけたまま動いているカメムシタケ❼を見たという人がいる、という話が報告されているという（『本草』一一号、一九三三年）。カメムシタケ❼は、カメムシから黒く細長い柄《え》に、赤い頭部を持った子実体《しじつたい》を突きだす冬虫夏草である。

しかし、こうした報告は、ちょっと怪《あや》しい。と言うのは……。

「この虫、死んでるの？」

僕が野外で採ってきたばかりのカメムシタケ❼を知人に見せたら、そんな反応が返ってきたことがある。クモタケ㊵では取りつかれたクモはすっぽり菌糸《きんし》に覆《おお》われているが、カメムシタケ❼ではそんなことがないばかりか、ものによっては生前同様のつやさえ保っているものもあるのだ。トルビアが見たというハチタケ⓫も、同様に取りつかれたハチは原型をよく保っている。

だから、ちょっとした勘違いや思い込みに伝聞が重なって、そんな報告が生まれたのではないかと僕は思う。

ただし、一つだけ信憑性《しんぴょう》のある報告がある。

死して交尾を続けるわけ

これは日本冬虫夏草の会の会誌『冬虫夏草』（二四号、二〇〇四年）に載《の》った奥沢康正さんの報告である。

奥沢さんが報告したのは、殺虫カビの一つであるボーベリアの仲間の例だ。その菌に取りつかれた虫は、その節々《ふしぶし》から綿《わた》のような白い菌糸《きんし》を吹き出す。そして虫の体は、中につまった菌糸《きんし》で、たとえイモムシといえども硬《かた》くなる（そのため、ボーベリアの仲間を「硬化《こうか》病菌」と呼ぶ）。

　さて、奥沢さんはこのボーベリアの仲間に取りつかれたカメムシの報告をしているのだが、何と交尾中のカメムシのうち、一方が真っ白く菌に覆《おお》われていたというのだ。そして、片方はまだ生きていて、その菌に覆《おお》われ死亡した個体を引きずって歩いていたという。生きている方のカメムシの交尾器近くにも、若干《じゃっかん》、菌糸《きんし》が見られたともある。報告には写真も載《の》せられていて、見た時にはかなりびっくりした。

　こんなことってあるのだろうか？

「日本産クモタケ *Nomuraea atypicola* の寄主特異性に関する室内実験からの検討」（畑守有紀『冬虫夏草』二〇号、二〇〇〇年）という論文がある。これはクモにクモタケ㊵の胞子《ほうし》を塗った実験経過についての報告だ。

　これによると、胞子《ほうし》を塗りつけたクモが、感染、死亡するまでに二〜三週間かかったとある。そして興味深いのは、前日まで捕食行動さえ見せていたクモが、翌日に

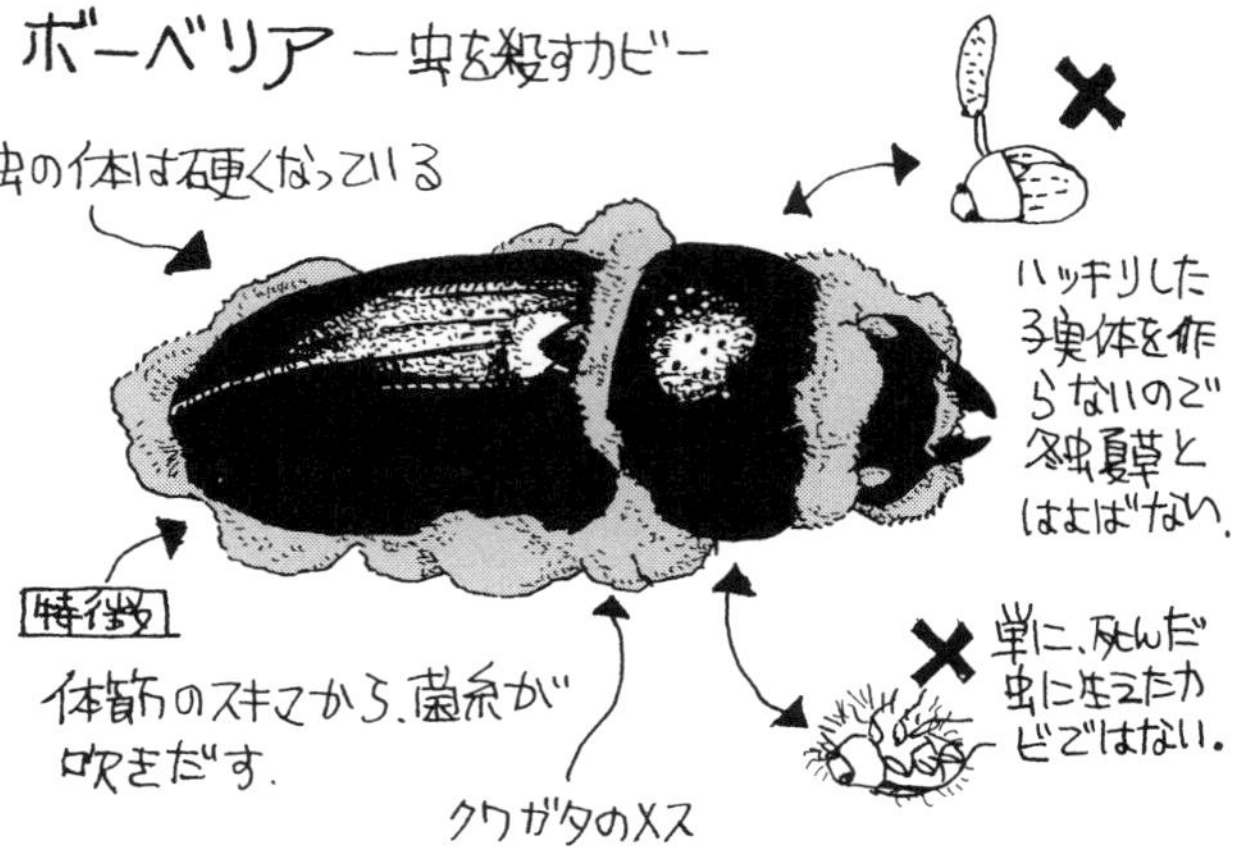

は、体全体を真っ白な菌糸《きんし》に覆《おお》われていた、という事例があることだ。この場合、クモタケ㊵の子実《しじつ》体《たい》が一日でにょっきり生えたというわけではないのだけれど、感染末期には、体表が、きわめて短時間で菌糸《きんし》に覆《おお》われてしまう場合もある、ということを示している。

ボーベリアの仲間のカビの一種は、気温二五度だと三〇日で虫を死亡させるという（『ブナ林をはぐくむ菌類』）。そして、子実体《しじつたい》を作らないこのカビは、虫を倒した後、比較的短時間で体表を菌糸《きんし》で覆《おお》うのだろう。

奥沢さんは、ボーベリアの仲間に取りつかれたカメムシをヘリカメムシと報告しているが、これはツマキヘリカメムシかオオツマキヘリカメムシのどちらかである。そして後者は、平均でも三日、最長では九日間も交尾を続けることが知られている（『日本動物大百科8』平凡社）。ボーベリアの仲間に感染している個体と交尾したカメムシは、やがて相手が死んだ後も交尾を続けていたということだったのだろうか（気づけよ！　と思うが……）。

これは、長期間交尾をするカメムシならではの珍現象なのである。それにしても、思いもかけないことがある。

一番のレアものは？

「一番珍しい冬虫夏草って、何？」

コーキが聞く。子どもたちは、何でも一番が好きだ。虫の話をしていても、「一番大きなのは何？」とか「一番毒の強いのは何？」なんてよく聞く。さて、では一番珍しい冬虫夏草は何だろう。

冬虫夏草を追っている僕にとって座右の書となっているのが故清水大典先生の出された『カラー版冬虫夏草図鑑』（家の光協会）だ。

ここには日本だけでなく、これまで世界各地で報告された冬虫夏草が三〇〇種ほど掲載《けいさい》されている。そして何といっても先生の手になる精緻《せいち》な図版がすばらしい。

そしてその解説には「ごくふつう」「稀《まれ》」「きわめて稀《まれ》」と、種ごとに発見度合のランクが記されている。例えばコゴメカマキリムシタケという種類がある。これは、先にもふれたがカマキリの卵のうから発生するという、宿主《しゅくしゅ》がきわめてユニークな冬虫夏草だ（ちなみに、卵から発生するもう一つの冬虫夏草、シロタマゴクチキムシタケらしきものを僕が沖縄島で見つけたことも先にふれた）。

このコゴメカマキリムシタケの解説には「きわめて稀《まれ》。一九五一年秩父《ちちぶ》両神山薄川の流畔で見出された。再採集が待たれる課題種」とある。そしてこの種は一九九九年に写真家の伊沢正名さんが再発見するまでまったく見つからなかった（「コゴメカマキリムシタケ発見記」『冬虫夏草』二〇号、二〇〇〇年）。この種類などは、第一級の珍種、と言うことができるだろう。

「冬虫夏草って、とってもレアなんでしょ」と、かつてある子が言ってくれたが、クモタケ㊵のように都内でも普通に見かける種類がある一方で、いまだ数回しか見つかっていない珍種もあるのだ。冬虫夏草は一くくりでは扱えないところがある。

元祖《がんそ》冬虫夏草であるシネンシスも、日本にはまったく産しない。漢方の需要の高まりとともに乱獲《らんかく》され、現地では減少傾向にあるようだ。

大正一四（一九二五）年刊の白井光太郎著『植物妖異考』（有明書房）の中で、漢方として売られているシネンシスの値段を著者が紹介している。それによると、明治四一年に台湾で買いつけたところ、一〇本一くくりの乾燥品が五銭《せん》で、一本わずかに五厘《りん》であったとのこと。「あんまり安くて驚いた」というようなことを書いている。

昭和四五（一九七〇）年刊の『原色日本菌類図鑑　第八巻』（川村清一、風間書房）の中でも「それほど高価なものではなく、中国では各地で容易に求められる」といったふうに書いてある。

一九九六年頃に僕が東京の薬局で見た時は、一二〇グラムで四万円だった。一本当りの値段はわからないが、おそらく千円を超えているはず。知人の漢方薬局主人に聞いたら、近年はさらに値が上がり、そもそも品薄もあって入荷しないという。こうした状況が、一般には「冬虫夏草はレアもの」と思わせる原因を作っているのだろう。

薬としてどこまで効くか

漢方薬として、なかなか高価。だから「冬虫夏草を見つけたら売れるか？」なんてよく質問されるわけである。

繰り返しになるけれど、本場の元祖《がんそ》シネンシスは別として、日本でいくら珍しい冬虫夏草を見つけても、残念ながらそれが〝売れる〟ことはない。

しかし、この冬虫夏草の薬用としての効果について、ここらで簡単にふれておく必要はあるだろう。もともとシネンシスを、中国では「植物的な陰《いん》と動物的な陽《よう》があわさったもの」と陰陽思想からとらえ、万病に効《き》くと考えた。

『原色日本菌類図鑑』によると、肉とともに食べるのが良いとされ、特にオス鴨のノドの中に干《ほ》したシネンシスを入れて煮ると、その薬分が肉全体に浸《し》み込んで最も良いとされていた、とある。『原色和漢薬図鑑』によれば、その薬効は肺や腎臓に良い働きをし、痰《たん》をおさめるということであり、強壮、鎮静、鎮咳薬として用いられる、という。

こうしたシネンシスの薬効は、後に有効成分の解明がなされ、コルジセピック酸がその有効成分として取り出された。薬理実験では、モルモットの気管支で、顕著な拡張《かくちょう》効果を見せたともある。本場中国では、冬虫夏草というのはシネンシスのことだけを指す。他には、セミの幼虫から発生した冬虫夏草を金蟬花《きんせんか》または蟬花《せんか》と呼び、やはり古くから漢方薬とした。『原色和漢薬図鑑』によれば、成分、薬理作用ともに不明であるが、鎮痛、鎮静薬として使われるという。

この他、サナギタケ⑰も近年になって薬としての利用開発が進められている。

サナギタケ⑰の中国名は蛹虫草や北冬虫夏草（中国東北部で多く見られることから）である。陳瑞英さんの論文（「人工飼料無菌飼育蚕によるサナギタケ子実体《しじつたい》の培養」『冬虫夏草』二〇号、二〇〇〇年）によると、サナギタケ⑰の成分はコルジセピンであり、抗腫瘍《こうしゅよう》作用、抗菌《こうきん》作用などが認められているという。陳さんのこの論文は、こうした薬用として有望なサナギタケ⑰の人工培養《ばいよう》に関するものであり、こうした応用方面の研究は、今後さらに進んでいくだろう（そうなれば売れる？……）。

僕は、当り前とはいえこの方面についてはまったくの素人《しろうと》だ。それゆえ市販の「冬虫夏草ドリンク」なるものについても、どれくらい効《き》くのか効《き》かないのか、まったく知らない。

新種発見

「新種って、発見したらお金もらえるの？」

ユーダイが聞いてきた。

「お金なんて、もらえないよ」

「じゃあ、どんなことされるの？」

「別に何もないよ。まぁ、よく見つけたね……ぐらい言ってくれる人はいるだろうけど」

「えーっ！　たったそれだけ？　賞とかもらえるかと思ってたのに……」

中学生のコータも口をはさむ。

「じゃあさ、ゲッチョは新種、見つけたことある？」

ユーダイはなおも聞く。

「うーん。新種候補っていうのはあるけど……」

「何、それ？」

冬虫夏草は、いまだに新種が発見されるほど、まだよく知られていないことの多い生き物だ。これまで学界に報告がされたことがなく、正式な名称（万国共通の学名）が与えられていないものが「新種」である。逆に言えば、学術雑誌に新種記載《きさい》論文が発表されて初めて、新種として認められることになる。

「以前にアマゾン川に行った時に、バッタに生える冬虫夏草を見つけたんだ。それを専門の先生に送ったら、これまで見つかっていない種類だとわかったの。でもね、その先生はそれを論文に書かなかったから、いまだに新種候補ということで終わってるわけ」

ユーダイらに、そんな説明をする。

清水大典著『冬虫夏草図鑑』を開くと、ところどころ学名の欄《らん》に「*Cordyceps* sp.」と書かれたものがある。これらは仮の和名は与えられているものの、まだ学界に正式に発表されていない未記載種《みきさい》だ（今後、誰かが記載《きさい》していかなければならないだろう）。

ちなみに、僕の見つけた新種候補には「エクアドルバッタタケ（*Cordyceps* sp.）」（二〇二頁参照）という〝仮の名〟がつけられている。

近頃の子どもたち

「腹へった！」

コータが叫ぶ。

虫草談議をしながら二時間ほども鎌倉をうろついた僕らは、あるお寺の木陰で一休み。

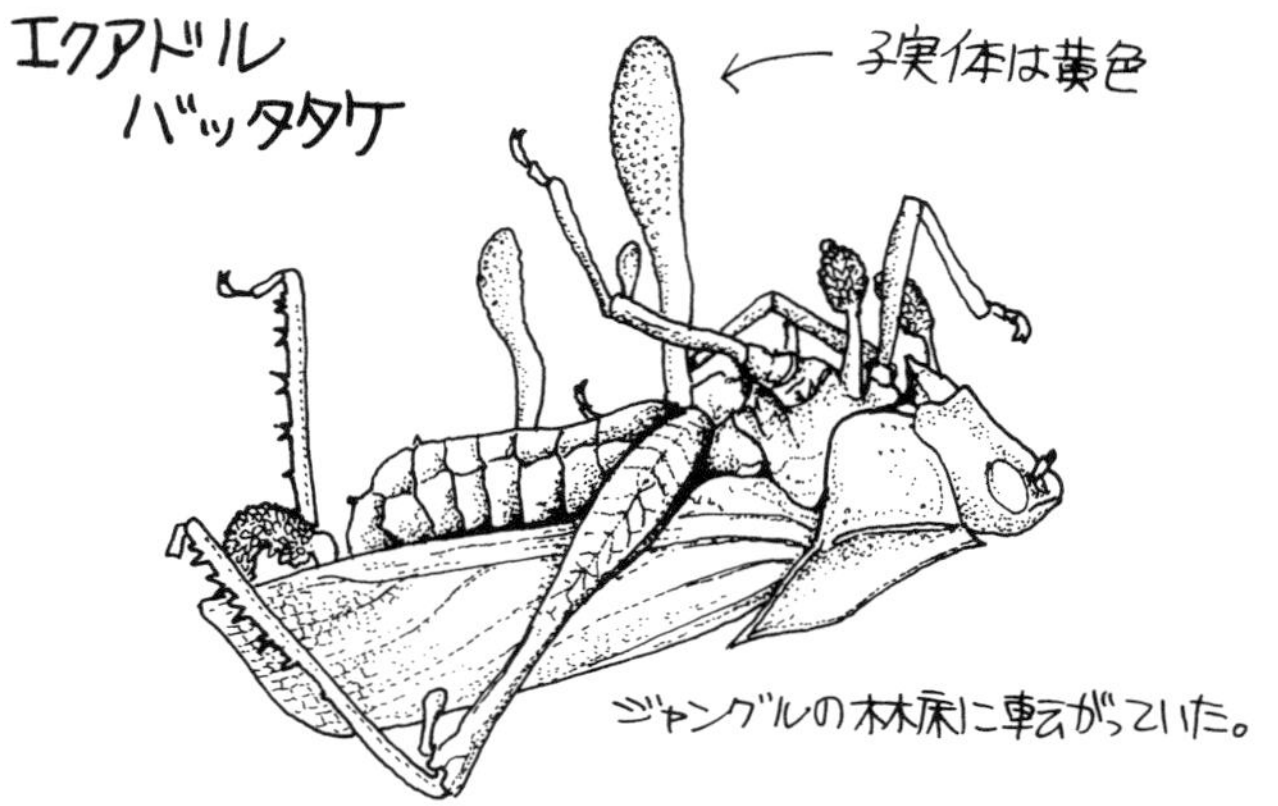
エクアドル
バッタタケ
子実体は黄色
ジャングルの林床に転がっていた。

ずっと何だかんだとしゃべっていたユーダイは、弁当を広げると黙々と食べ始めた。ひどくゆっくりしたペースである。食べ終えた弁当を包む時の仕草《しぐさ》もひどくていねい。いたずら小僧ではあるけれど、物事に当る姿勢は一つ一つ真剣なのである。だからこそ、冬虫夏草を見つける目も確かなのだろう。

一方で、一足先に食べ終えたコータやコーキらは、石をめくって、生まれたばかりの子どもを抱えたムカデを見つけて大騒ぎしている。一人、無口な中二のケイも、木の下でオオスズメバチの死体を発見し喜んでいた。

「近頃の子どもは……」なんてよく耳にするけれど、我が鎌倉虫草団の面々は、いずれも皆、豊かな好奇心の持ち主ばかりだ。

弁当を食べ終え、再び駅へ。江ノ電に乗り換え二つ三つ先の長谷《はせ》に向かう。長谷寺《はせでら》や大仏が有名な所だ。

「こんな人工的な所に冬虫夏草なんて生えるの？」

試しに入った長谷寺《はせでら》で、さっそくユーダイが言う。奇麗《きれい》に整えられた庭園には入園者も多かったが、ユーダイの言うように、冬虫夏草は一本もなかった。結局ユーダイらは、池のコイにオミクジのかけらを食べさせるなんていういたずらをし始める始末。

この長谷寺《はせでら》からさほど遠くない所に、小さな神社があった。村の鎮守《ちんじゅ》様といった趣《おもむき》の、訪れる人もほとんどない神社だ。拝殿《はいでん》の後ろは、すぐ山の林へとつながっている。そしてこの場所で、冬虫夏草が待っていた。

ギロチン

神社の背後には、照葉樹を主体とした林が広がっていた。木々の生える斜面を、時にずり落ちながら、冬虫夏草を探す。

「ないかなぁ、ないかなぁ」

ユーダイが即興《そっきょう》に歌いだす。

まず一本目は、僕の見つけたクモタケ㊵だった。これをユーダイに掘らせる。一本見つかるということは、この林が冬虫夏草の発生に適しているということだ。手分けして探していく。

「これは?」

ユーダイが何か見つけた。見ると、一本の木の根元に、三〇匹ほどものアオバハゴロモが死んで張りついている。アオバハゴロモはセミ目《もく》の昆虫だ。セミ同様、木や草の汁を吸って生きている。僕の生まれ故郷、千葉県館山《たてやま》市では生け垣にもよくついていて、子どもの頃からお馴染《なじ》みの虫だけれど、こんな状態のものは、初めて見た。

張りついているアオバハゴロモをルーペで拡大してみたけれど、子のう果の粒々は見当らない。冬虫夏草ではなかった。それでも何かしら菌の仕業《しわざ》であるだろう。専門家に送って見てもらうため、いくつかをフィルムケースにしまい込んだ(後に専門家に見てもらったところ、やはり殺虫カビの仕業《しわざ》だった)。こんなものに目がいくとは、ユーダイ、ただ者ではない。

続いて、落ち葉の間から顔を出す小さな冬虫夏草を僕が見つけて、リョウタに掘らせる。土中のハチのマユから、一ミリほどの太さのごく細い子実体《しじったい》が伸びている粉々タイプのもの。以前にも見たことがあるが、種類はわからない。しかしいきなりこんな細いものを掘らせるのは無理があって、残念ながらリョウタは途中で子実体《しじったい》を切ってしまった。

「ギロチン」

冬虫夏草屋の業界用語では、子実体《しじったい》を途中で切ってしまうことをこう呼んでいる。

最後の出会い

「これは、ニセ冬虫夏草?」

「そうそう、ソウメンタケの仲間」

子どもたちも、何やかやとやっているうちに、冬虫夏草とそうでないものの見分けがだいぶできるようになってきた。

「怪《あや》しいと思ったら掘れ」

これが鉄則であるけれど、下を掘っても何も出てこないことが、僕にだっていまだにある（逆に、一応掘るか

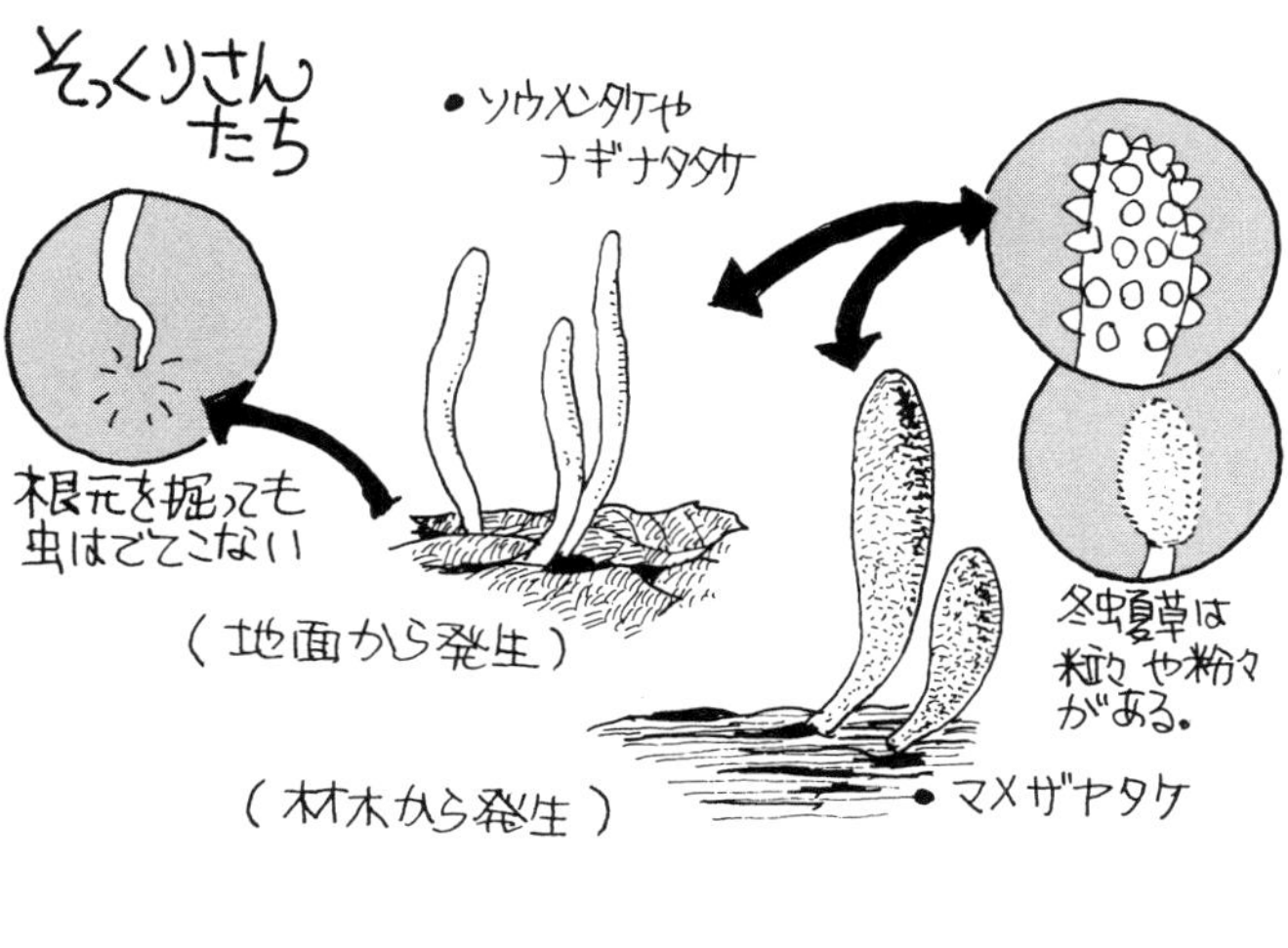
そっくりさんたち
・ソウメンタケや
ナギナタタケ
根元を掘っても
虫はでてこない
（地面から発生）
（材木から発生）
・マメザヤタケ
冬虫夏草は
粒々や粉々
がある。

ぐらいな気持ちで本物をギロチンしてしまうこともある)。

冬虫夏草を探していて、まぎらわしいと思うものは多々あるけれど、その筆頭《ひっとう》の一つがソウメンタケやナギナタタケの仲間だ。ひょろりと棒状に伸びた姿は、冬虫夏草の子実体《しじったい》を思わせる。色も黄色やオレンジ、紫などいろいろあって、この色合いもまた、冬虫夏草の子実体《しじったい》に似ている。

「何か、最後に〝オッ〟っていうの出ないかなぁ」

ユーダイがボヤいた。そして僕と離れて向こうの斜面を探しだした。それからほどなく。「これそう? 大きいよ!」

ユーダイが叫んだ。

慌てて近寄ってみると、倒木の下に隠れるように、茶色の棒状の子実体《しじったい》が立っていた。こんな場所に生えているものに、よく気がついたものだ。

「これ、そう?」

「掘るまではっきり言えないけれど、冬虫夏草だと思う」

「じゃあ掘ってよ。でも途中で切ったらごめんじゃすまないよ」

確かに……。で、衆目《しゅうもく》の集まる中、緊張しながらピンセットで土をほぐしていく。やがて地面の中から宿主《しゅくしゅ》が姿を現した。ニイニイゼミの幼虫だ。子実体《しじったい》の長さが七五ミリある、立派なセミタケ❶だった。

「あったっぽいな」

無口のケイもさりげなく声を上げる。彼も自力でクモタケ㊵を一本、見つけていたのだった。

クモタケ㊵四本とセミタケ❶一本。それにハチのマユから出た粉々タイプのもの一本。これが本日の主な成果だ。

一日限りの鎌倉虫草団の探検は、こうして幕を閉じた。

僕は、その日の夜、羽田空港発沖縄行きの飛行機に乗った。

冬虫夏草は、時と場所さえ選べば、決してそんなに〝レア〟なものではない。小学生にだって十分に見つけられる。

パート2◉表の顔と裏の顔

オスとメス

鎌倉虫草団の一員、コーキに宿題をもらってしまった。

「冬虫夏草に、オシベとメシベって、あんの？」

歩きながら、コーキは何気なくこんなことを口にしたのだ。まったく小学生は恐ろしい。

僕はこの時、しどろもどろでよくわからない説明をしてしまった。

うまく答えられなかったことが悔《くや》しい。そして、沖縄に戻って考えてみたら、このコーキの一言はとても重要で複雑な問題を含んでいることにあらためて気づかされた。

あれこれ本を調べ出す。自分でもよくわかっていなかったことが多かったことにも気づく。

冬虫夏草はカッコいい。

冬虫夏草は謎だらけ。

だから、ただ見ているだけでも十分に楽しいのだけれど、やはりここはコーキの出した宿題にきちっと答えなければならないと思う。読者の皆さんも、聞きなれない用語が多くて大変かも知れないけれど、一緒にこの問題を考えてもらえればありがたい。そのことで、よりいっそう冬虫夏草の不思議さに近づけると思うからだ（ちなみに、このパートは飛ばしてもらってもいいし、後で読み返していただいてもいい）。

さて、動物のオス・メスは我がこととしてよくわかる。植物でもオシベ・メシベがあることは常識だ。では、キノコにオス・メスってあるのだろうか？

誰も知らないキノコの一生

そもそも〝キノコの一生〟を思い浮かべることができるだろうか。

ヒマワリなど、花をつける植物は、種子が発芽して成長していくのに対し、キノコは胞子《ほうし》で増える。

このことは何となく知っている。

「じゃあ、胞子《ほうし》からキノコになるまでの絵を描いてごらん」

授業でこんなテーマを出すと、高校生も大学生も皆、ぐっとつまる。学生たちは一様に、小さなキノコが徐々に大きくなっていく様子の絵を描いた。それが土の上に生えているか、木の上に生えているかだけが、学生によって違っていただけ。

そこでこんな話をしてみる。

「世界で一番大きなキノコはね、重さ一〇〇トンもあるんだよ」

「ええ？」

これまたみんな頭の中にものすごく巨大なキノコを想像している。

「きのこの暮らし方」（『きのこブック』長沢栄史、平凡社）によれば、この世界最大のキノコは、アメリカのヤワナラタケであると言う。でも、このキノコ、一本が建物ほどの大きさがあるわけではない。

一五ヘクタールにわたって地下に広がる菌糸《きんし》が、一個体のものとわかったのだ。その菌糸《きんし》の全重量が推定一〇〇トン。だから、地上に姿を現すキノコ一本一本は、ごく普通の大きさである（本数は莫《ばく》大《だい》な数だろうが）。

僕らが普通キノコと呼ぶ部分（つまり子実体《しじったい》）は、その菌のごく一部にすぎないわけだ。つまり、胞子《ほうし》からまず菌糸《きんし》が伸び、それが十分成長した後で、地上に子実体《しじったい》が現れるというのが、大まかに言うキノコの一生だ。

ややこしいキノコの性

では、そんなキノコの一生に、オシベ・メシベに当る器官はあるのだろうか。

高校の生物で習ったことを覚えているだろうか。僕たちの体細胞は、両親からそれぞれ一セットずつ、都合二セットの遺伝情報を受けついでいる（これを2ｎと表す）。精子や卵子を作る時は、減数分裂を行い、それぞれ一セットずつの遺伝情報（これをｎと表す）に戻す。この精子（ｎ）と卵子

（n）が受精すると、2nの受精卵となり、これがやがて赤ちゃんへと育つ。

植物でも、オシベの花粉（n）とメシベの卵細胞（n）が受精で合体（2n）し、やがては種子へと育つ。

キノコの場合はどうだろう。

キノコも、精子や卵子と同様、胞子《ほうし》の遺伝情報はnだ。この胞子《ほうし》（n）が発芽し、まず単核菌糸《たんかくきんし》（n）と呼ばれる状態で成長していく。そして、近くに別の単核菌糸《たんかくきんし》（n）があると合体する。

ただし、合体するものとしないものがある。いわばオス同士、メス同士では合体せず、いわゆるオス・メスの組み合わせの時だけ合体する。しかし菌糸《きんし》には外見上オス的、メス的という違いはないから、単核菌糸《たんかくきんし》には「＋」と「－」の違いがあると言っている。そして単核菌糸《たんかくきんし》のこの違いは、結局、胞子《ほうし》に＋と－の違いがあるということによっている。

面白いことにキノコの場合、＋と－の単核菌糸《たんかくきんし》（n）が合体しても、ただちに2nとはならないことだ。「n＋

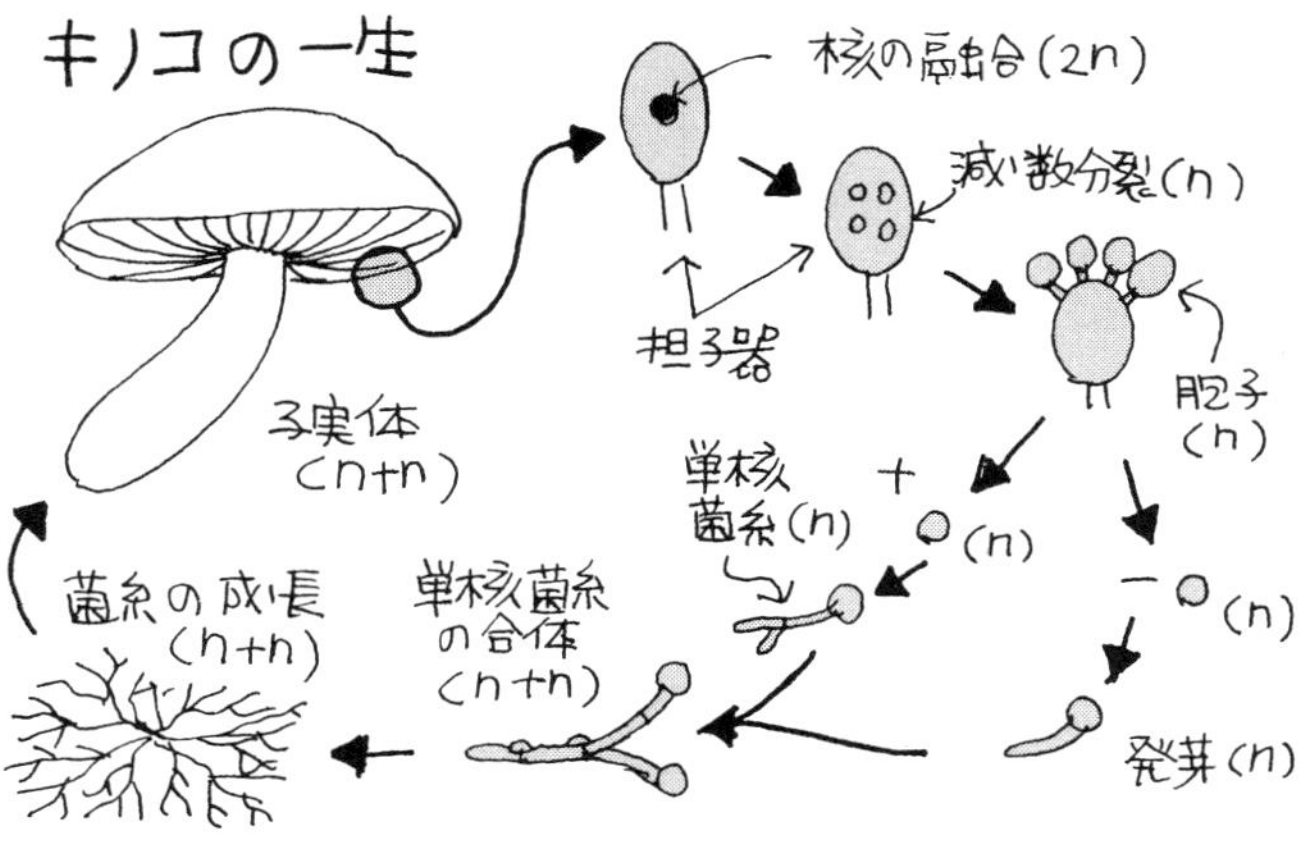

n」という形になるのである。つまり、一つの細胞中に二つの細胞核が融合せずに共存したままとなるのである。

この合体した菌糸《きんし》を二次菌糸《きんし》と呼ぶ（n＋n）。二次菌糸《きんし》はやがて成長をつづけ、子実体《しじつたい》を形づくる。この子実体《しじつたい》上に胞子《ほうし》が作られる時、初めて細胞中の核も融合して2nとなる。それがやがて減数分裂を行い、nの胞子《ほうし》を作る。放出されたこの胞子《ほうし》（n）が発芽し、単核菌糸《たんかくきんし》（n）と呼ばれる状態で成長していく。そして、他の単核菌糸《たんかくきんし》（n）と合体する……。

大変ややこしいけれど、これが遺伝子の動向から見たキノコの一生だ。

さらにちょっとややこしい

減数分裂によって作り出されたnの細胞を合体（受精）させて2nとする。そして次世代を生み出す時には、再度減数分裂を行い、nの細胞を生む。

これが「有性生殖」と呼ばれるものだ。nと2nの繰り返しにより、遺伝子の組み合わせにバラエティを生み出す仕組みなのである。

僕らとは違ったやり方ではあるけれど、キノコもこうした有性生殖をしている。もちろん冬虫夏草も有性生殖をしている（先にあげた例は、シイタケなど一般のキノコを例にしたもので、冬虫夏草はややこれとは違った仕組みである。それでも胞子《ほうし》を作る時に、やはり生殖細胞の核を一度2nにしてから減数分裂を行うという点では変わらない）。

こうした有性生殖に対し「無性生殖」と呼ばれる方法も、多くの生き物で知られている。例えば、アメーバが体を分裂させて増えていく場合、そこには性は存在しない。そして有性生殖と異なり、分裂の前と後で、遺伝的内容はまったく同じ。いわばクローン増殖法である。

植物の場合、無性生殖は動物よりも一般的に見ることができる。例えば畑にジャガイモを植える時、イモを切り分けて植えるが、これは人間が無性生殖の手助けをしていることになる。現在栽培されているジャガイモは、花を咲かせても実がつくことは滅多《めった》にない。人間が改良を重ねるうちに、有性生殖をしなくなってしまったわけだ。昆虫のナナフシモドキもメスだけで卵を産む。つまり無性生殖である。

菌類にも、この有性、無性の両生殖方法が見られるのである。ただし、ここのところがちょっとだけややこしい。

そしてまたまたややこしい

ここで菌類の分類について、一言ふれておきたい。

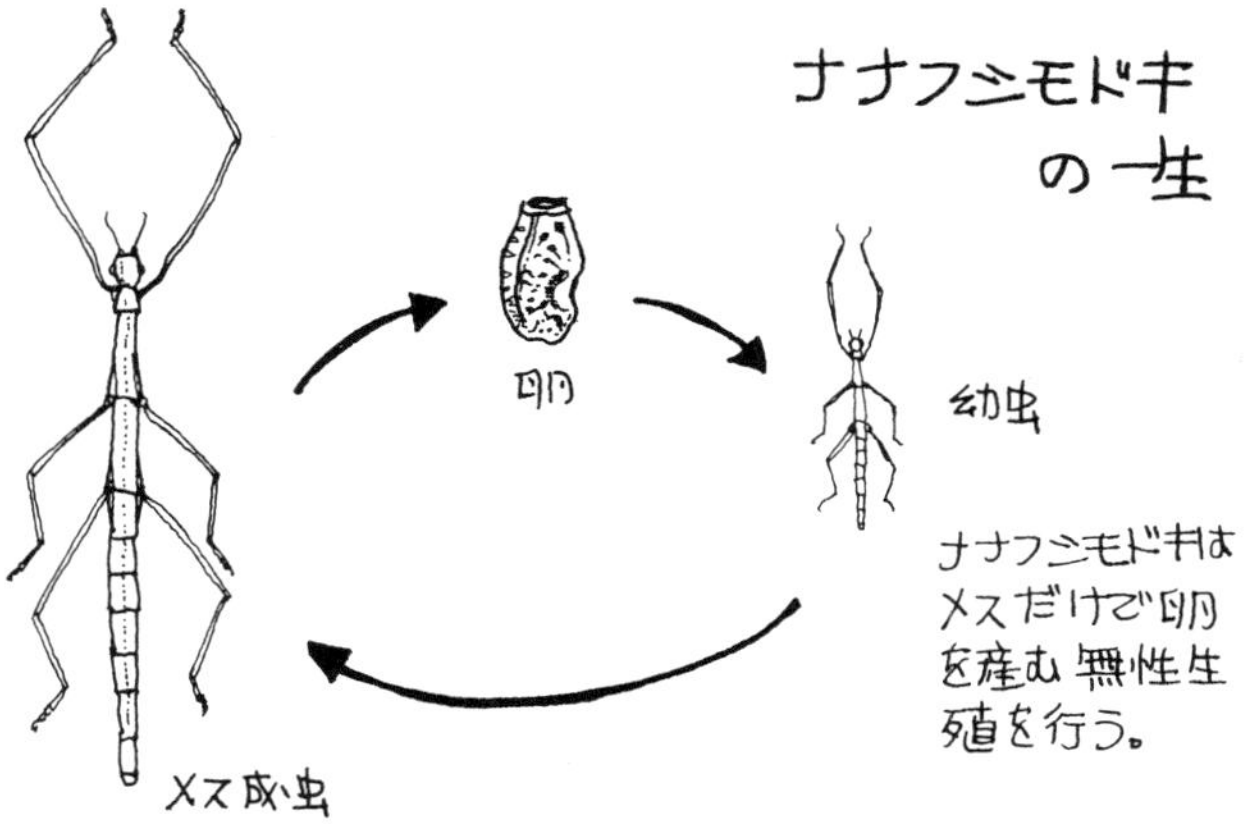
ナナフシモドキ
の一生
卵
幼虫
ナナフシモドキは
メスだけで卵
を産む無性生
殖を行う。
メス成虫

僕が子どもの頃、菌類は植物の中の一群と教わった覚えがある。これはかつて全生物を動物界と植物界という二つの世界に分けた一八世紀のリンネの考え方が、二〇世紀中頃まで、研究者の間でも主流だったからだ。

やがて生物の世界は二つではなく、さらにいくつにも大分類できるという考えが生まれ、三界説、五界説、八界説等々が提唱された（例えば五界説では、全生物はモネラ界、原生生物界、植物界、菌界、動物界の五つに分類されるという）。

最終的な結論にはまだ至《いた》らないが、こうした考え方の変化の中で、菌類は「菌界」という独自のグループにまとめられるということがはっきりしてきた。

そして生物の進化の歴史から考えると、菌類は植物よりむしろ動物に近いものと近年は考えられている。

菌類にはまず大きく分けて、変形菌（粘菌《ねんきん》）門と真菌門の二つのグループがあるとされる。このうち変形菌門は近い将来、菌類からはずされ、新たな所属が決まるだろうと言われている。

冬虫夏草はこの二つのうち、真菌門の中の一員だ。そして真菌門はさらに五つのグループ（亜門）に分けられている。

真菌門・

鞭毛菌亜門・・——ツボカビなど。

接合菌亜門・・——クモノスカビなど。

子のう菌亜門・・——コウボ菌、トリュフ、ツチダンゴ、サナギタケ⓱など冬虫夏草。

担子菌亜門——マツタケ、シイタケ、キクラゲ、サルノコシカケなど。
不完全菌亜門——アオカビなど。

ざっとこんなふうになる。

僕たちが普段口にしたり、山野でキノコ狩りの対象として出会うのは、担子菌の仲間だということがわかる。サナギタケ⑰などの冬虫夏草は、これに対して子のう菌と呼ばれるグループだ。

ちなみに、カビとキノコは日常的には違うものとして使い分けているが、生物学的に言うと両者に違いはない。目で見て大きなもの（何センチ以上なんて決まっていないけれども）を習慣的にキノコと呼ぶだけ。だから例えば子のう菌という一つのグループの中にも、カビとキノコの両方がある。

さて、先に「ややこしい」と書いたのは、この五つのグループのうち、不完全菌類の存在だ。

もっともっとややこしい

普段、何気なく使っている言葉だけれど、「イモ」という言葉は面白い。

ジャガイモはナス科の茎。
サトイモはサトイモ科の茎。
サツマイモはヒルガオ科の根。
ヤマノイモはヤマノイモ科の根。

こんなふうに、一口にイモと言っても、所属するグループは違うし、植物体上での部位もまた様々だ。それでもまとめてイモと言う。

本土では滅多《めった》にサツマイモの花が咲くことはないけれど、沖縄ではサツマイモの花はごくお馴染《なじ》みのもの。アサガオそっくりの花を見ると、サツマイモの所属がたちどころにわかる。

植物も葉や根だけを見ただけでは、どこに所属するグループかよくわからない。有性生殖をする花や、できた実が、分類をする時の大きな目安《めやす》となっている。

菌類でも事情は同じだ。キノコに花はないけれど、有性生殖をする時の胞子《ほうし》のでき方や胞子《ほうし》の形が、分類の大きな決め手となっている。

マツタケなど担子菌類の「担」には「かつぐ」という意味がある。マツタケなどは、胞子《ほうし》が、カサの裏側のヒダにできる、担子器と呼ばれるものの先に「かつがれて」いる。一方、冬虫夏草など子のう菌類の「のう」は「袋」という意味だ。こちらは文字通り、袋の中に胞子《ほうし》をしまい込んでいる。こんなふうに両者では胞子《ほうし》のでき方が違っている。

ところが、ここに不完全菌類というグループが存在する。

これは、いわばイモだけできて花は咲かない状態のもの。無性生殖をしている菌だ。不完全菌類は、体の一部を無性的に分裂させて増えていく（これも胞子《ほうし》の一種ではあるが、正式には「分生子《ぶんせいし》」と呼ばれる）。

分類の決め手となる有性生殖による胞子《ほうし》作りをしないものを、とりあえず不完全菌類としてまとめているわけである。

すなわち「イモ」というくくり方と同じく、本当はいろんなグループに所属する菌がこのグループには含まれているのである。

完全型と不完全型

冬虫夏草の中にも不完全菌類に含まれるものがある。例えば鎌倉で見つけたクモタケ㊵。これは不完全菌類に含まれる冬虫夏草だ。

サツマイモだって、条件が整えばちゃんと花が咲く。その花を見るとサツマイモがヒルガオ科であることはすぐにわかる。クモタケ㊵は無性生殖をして増えているけれど、サツマイモと同じように条件さえ整えば有性生殖をする。こうして有性生殖をしている状態を見れば本来の所属（すなわち「子のう菌」類の「イリオモテクモタケ」だということ）がわかる。

菌類が変わっているのは、この有性生殖をしている時と、無性生殖をしている時で、全体の姿が違う点だ。もしサツマイモがイモだけで増えている時と花をつけている時で葉の形などが違っているとしたら、同じ植物とは思えず、それぞれ別の名前がついただろう。そんなわけで、菌類の場合でも、同じ種類の菌が有性生殖をしている場合（これを完全時代と呼ぶ）と、無性生殖をしている場合（これを不完全時代と呼ぶ）とで、それぞれ別個の名前がつけられている。

完全時代の菌の姿を「完全型」。

不完全時代の菌の姿を「不完全型」。

そんなふうにも言う。

この完全型、不完全型という言葉に馴染《なじ》みが出てくると、菌類、ひいては冬虫夏草の世界の奥へ、また一歩入り込んだことになる。

クモタケ❹⓪の完全型にはイリオモテクモタケという名前がついている。最初に西表島《いりおもてじま》で見つかったためだ。クモタケ❹⓪は都会でもごく普通に見ることができるが、完全型のイリオモテクモタケは滅多《めった》に見つからない珍種だ。僕もまだ見つけたことはない。

イリオモテクモタケは外見もクモタケ❹⓪と異なり、子実体《しじつたい》には子のう果の粒々がつく。パート1（四七頁）で仮に「粒々タイプ」と呼んだものが完全型、「粉々タイプ」と呼んだものが不完全型に当る。

どちらが〝普通〟か？

もう少し、完全型と不完全型について見ておこう。

ウスキサナギタケ⓲という、サナギタケ⓱によく似た冬虫夏草がある。違いは子実体《しじつたい》がオレンジ色ではなくて、うす黄色をしていること。このウスキサナギタケ⓲は完全時代の姿（つまりは完全型。つまり粒々タイプ）であって、この菌の不完全時代の姿（つまり不完全型）は、当然、粉々タイプをしている。

ウスキサナギタケ⓲の不完全型にはハナサナギタケ㉒という名前がついている。ユーダイたちが群馬県の山中でトリガラスープに入れて煮込んで食べたやつだ。雑木林周辺では最も普通の冬虫夏草である。取りつく相手であるガのサナギもさまざまで、大きなものから小さいものまでいろいろある。土中のマユに覆《おお》われたサナギから発生したものや、樹皮の中のむき出しのサナギから発生したものもある。沢沿いのアズマネザサについた、ヒカゲチョウ類のサナギから発生したものも見たことがある。

同じ種類の菌なら一つの名前にしてくれ、と言いたくもなる。でも、両者はまったく別の形をしている。そこで便宜《べんぎ》上、別々の名前が与えられているわけだ。

ウスキサナギタケ⓲を見ていると、時たま一つのサナギから、完全型である粒々を持つ子実体《しじつたい》（ウスキサナギタケ⓲）と、不完全型である粉々の子実体《しじつたい》（ハナサナギタケ㉒）が同時に生えているものに出会ったりする。この場合はどう呼んだらいい？　この場合は、完全型のウスキサナギタケ⓲の名が与えられている（口絵⓲の図もそうした状態のものを描いた）。

面白いことに、不完全型ハナサナギタケ㉒に比べると、完全型ウスキサナギタケ⓲は滅多《めった》に出くわさない。イモの例で言えば、花を咲かすことなく、イモだけで増えている状態ばかりということになる。

一方で、よく似たサナギタケ⓱は完全型であるわけだけれど、これはごく普通に見ることができる。

だから、一概《いちがい》にどちらが普通でどちらが珍しいとは言い切れない。

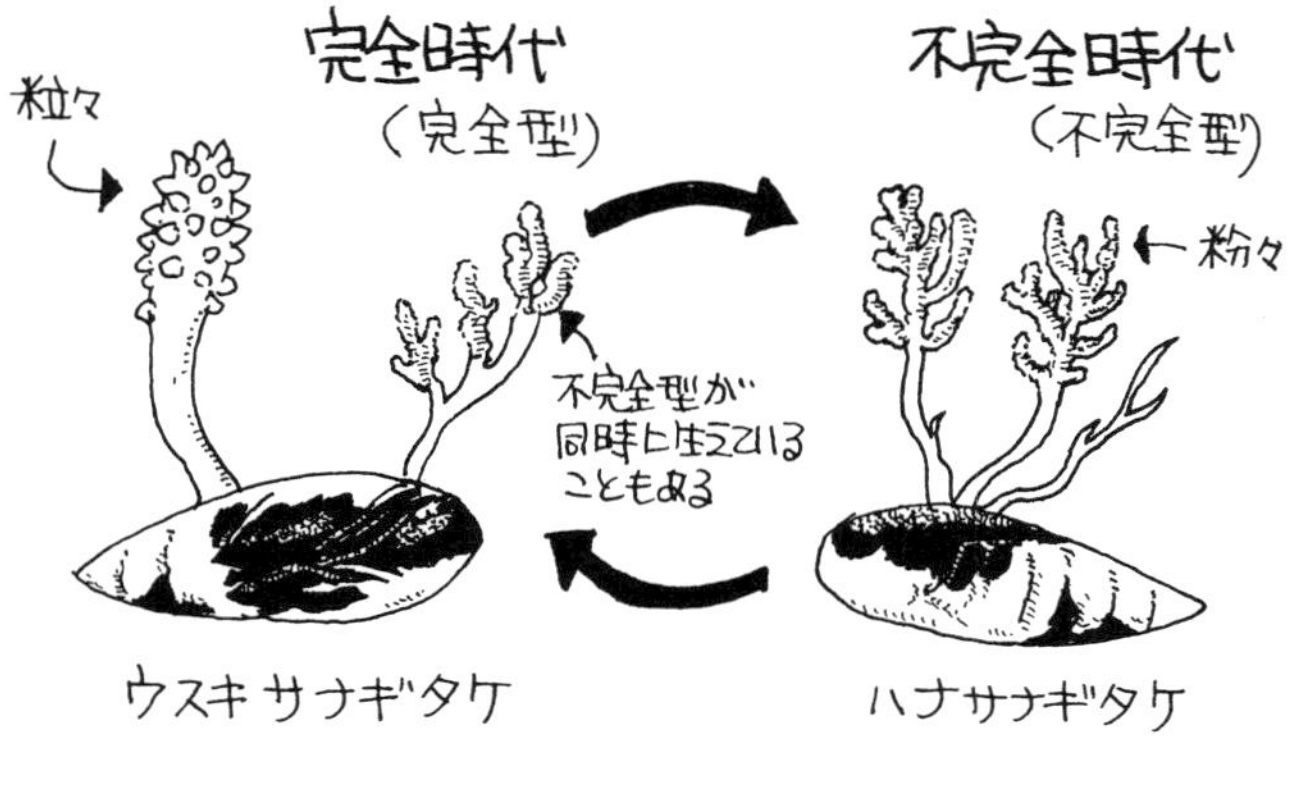

表の顔と裏の顔

枝にそっくりな形をしたナナフシという昆虫がいる。ナナフシにも、エダナナフシ、ナナフシモドキ、トゲナナフシなどの種類がいる。

ナナフシの仲間にも、他の昆虫のようにオス・メスがいるが、ナナフシモドキやトゲナナフシはメスだけで卵を産むことができる。つまり無性生殖だ。

メスしかいないはずのナナフシモドキも、わずか三、四例ほどであるがオスが見つかったことがある。つまり、もともとはオスとメスがいた種類から、メスだけで無性生殖をする方向へと進化したことがわかる。数少ないオスの発見例は、いわば先祖返りみたいな現象だろう。

菌類も、もともとはすべての種類が有性生殖をするものだった。その手助けとして、分生子《ぶんせいし》による無性生殖を併用《へいよう》していたのが最初の姿だろう。

ところがナナフシモドキの例のように、本来行っていたはずの有性生殖をまったく行わなくなってしまったものが現れた。

ナナフシの例と違って、菌類では有性生殖を行う完全型と、行わない不完全型では姿がまったく異なる。

サナギタケ⓱は、完全型であるサナギタケ⓱が普通。

ウスキサナギタケ⓲は、不完全型であるハナサナギタケ㉒のほうが普通。

イリオモテクモタケは不完全型のクモタケ㊵が普通で、完全型のイリオモテクモタケは超珍しい。

完全型と不完全型の現れる割合は、こんなふうにいろいろである。中にはナナフシモドキのように、無性生殖しか行わなくなった菌もある。こうなると完全型の存在しない、不完全型だけの菌ということになる。

完全型と不完全型というのは、例えて言うなら一枚のコインの表と裏のようなものだ。同じ種類の菌でも、時により表と裏を交代する。しかし、表の顔がまだわかっていない菌もある。表の顔をなくしてしまった菌もある。そのため、菌類の分類に不完全菌類というグループが作られた。その中に、表の顔がわかっている場合でも、裏の顔が登録されているわけだ。

分類の意味

「冬虫夏草って、どれぐらい種類があるの?」

これもよく聞かれる質問だ。

「今までに発表された種類は三五〇ほどに及んでいる」

『冬虫夏草菌図譜』(小林義雄・清水大典、保育社)にはこうある。

冬虫夏草は現在でも新種が次々に見つかっている。まだ学界に正式に報告されていない種類も多い(この場合、学名がついておらず、仮の和名だけがつけられていたりする)。そのため正確に何種類であるかということは難しい。

これに加えて、冬虫夏草がどの範囲の菌を指すのか、ということが実は曖昧《あいまい》なのだ。

同じような例を上げるとドングリがある。ドングリと呼ばれる木の実の範囲はどこまでか? これには諸説があるのである。

生き物の分類群は「界・門・綱・目・科・属・種」という順序で分けられることはパート1で述べた（それぞれの階級をさらに細かく分類する時には「亜」という用語が使われる）。

ドングリの場合、ブナ科の植物の実を指すという点では全員が一致している。ブナ科には、ブナ属、コナラ属、クリ属、シイ属、マテバシイ属の五属が日本にはある。

このうち、ドングリとは、

一、コナラ属の木の実だけを指す。

二、コナラ属とマテバシイ属の木の実を指す。

三、コナラ属とシイ属とマテバシイ属の木の実を指す。

というふうに意見が割れる。ちなみに僕は二番目の立場をとっている。コナラ属の木の実がドングリであることには異論がない。

なぜこんな違いがあるかといえば、もともとドングリという言葉が生活上の一般用語だったために、生物学上の分類群と対応して生まれた言葉ではなかったからだ。

冬虫夏草も、ドングリと同じで、生物学上の分類群のここからここまでという〝くくり〟がはっきりしていないのである。

分類の曖昧さ

例えば冬虫夏草のサナギタケ⓱を生物学上の分類で位置づけてみよう。

菌界・
真菌門・
子のう菌亜門・
核菌綱・
バッカクキン目・
バッカクキン科・
コルジセプス属・
サナギタケ⑰（種）・

サナギタケ⑰はこうなる。

ところでこうした分類用語の中で、日常的によく耳にするのは「科」だろう。オオカミ・キツネ・タヌキは「イヌ科」に属している。コナラ・ブナ・クリ・シイ・マテバシイは「ブナ科」に属している。こうした言い方は耳に慣れていると言える。

一方で、「属」となると日常あまり耳にしない。属というのは、科のもう一つ下のグループ分けだ。例えば先にあげたイヌ科の動物たちで言えば、オオカミは「イヌ属」に、キツネは「キツネ属」に、タヌキは「タヌキ属」に属していることになる。

人間の学名はホモ・サピエンスと言うが、この「ホモ」というのが属の名前で、「サピエンス」が種の名前を表している。現代の人間はホモ属のサピエンスという種、というわけだ（ちなみにホモ属には「ホモ・ハビリス」「ホモ・エレクトス」といった古人類が含まれている）。

さて、サナギタケ⑰の場合、バッカクキン科コルジセプス属（ノムシタケ属とか冬虫夏草属とも言う）に所属している。だから学名はコルジセプス・ミリタリスだ。元祖《がんそ》冬虫夏草の学名はコルジセプス・シネンシスであることは先に述べた。

これらバッカクキン科のコルジセプス属が冬虫夏草であるということには誰も異論はない（先のドングリの例で言えば、ブナ科のコナラ属に当たることになる）。

ただし、このコルジセプス属の中には変わり者もいる。

「キノコタケってないの?」と、鎌倉虫草団の一人、コーキがこう言って僕をびくっとさせたことがある。

冬虫夏草は、虫に取りつくキノコだ。だから普通、キノコから生えるという発想は出てこないだろう。ところが実際、キノコに取りつく冬虫夏草というのが確かにいるのだ（具体例はパート4で登場する）。この、キノコから発生するコルジセプス属の仲間は、特に「菌生冬虫夏草」と呼ばれている（プレート⑯）。

このコルジセプス属に加えて、バッカクキン科のどのグループ（属）までを冬虫夏草と呼ぶか。それが、ドングリの定義同様、はっきりしていないのだ。

いいかげんに定義する

さて、バッカクキン科の名称の代表であるバッカクキンは、バッカクキン属に所属している。

バッカクキンはイネ科の植物の穂《ほ》に取りつき、実のかわりに菌の塊《かたまり》を作り出す。このバッカクキンは有毒なアルカロイドを含んでいる。そのため中世ヨーロッパでは、しばしば、誤ってバッカクキンに侵《おか》された麦類を原料としたパンによって、人々の命が奪われた。麻薬の一種LSDは、このバッカクキンの毒成分解明の途上で発見された物質である。バッカクキンを含むバッカクキン属は、冬虫夏草の主役、コルジセプス属の親戚筋《しんせきすじ》に当るものだ。

かつて友人が「これも冬虫夏草か?」と言って送ってきた菌があった。図鑑で調べてもさっぱりわからない。すわ新種か? そう思って研究者に見てもらったら、これがバッカクキンの仲間の子実体《しじつたい》だった。つまり、バッカクキン属の全体的な姿はコルジセプス属のものとよく似ているのだ。

バッカクキン科には、この他にトルビエラ属、ヨコバイタケ属、シミズオミケス属その他がある。

トルビエラ属はクモやアリに取りつく菌。

ヨコバイタケ属はヨコバイ(セミやウンカに近い昆虫)に取りつく菌。

シミズオミケス属はサルトリイバラの実につく菌。

バッカクキン科の菌は、こうしていずれも寄生生活を送る仲間だ。

バッカクキン科の中で、コルジセプス属のみを冬虫夏草と呼ぶべきだという意見もある。しかし、多くの冬虫夏草屋たちは、コルジセプス属の他、トルビエラ属、ヨコバイタケ属、シミズオミケス属なども冬虫夏草に含めている。シミズオミケス属は植物に寄生するわけだから、冬虫夏草と呼ぶことに「?」と思う人もいるかも知れないが(子実体《しじつたい》は、コルジセプス属のものに非常に似ているのだ)。

さらにつけ加えて、すでにふれたように不完全菌亜門の中にも冬虫夏草と呼ぶべきものがある(コルジセプス属のみを冬虫夏草と呼ぶという意見に従えば、この仲間は冬虫夏草ではなくなる)。

不完全型のクモタケ㊵（完全型はイリオモテクモタケ）やハナサナギタケ㉒（完全型はウスキサナギタケ⑱）などはコルジセプス属の裏の顔。葉の上のクモから発生するギベルラタケ㊶はトルビエラ属の裏の顔だ。

冬虫夏草の定義はこんなふうに難しい話になってしまう。

そこで提案。最初に簡単に言い表したように、一般にクモや昆虫に生えるキノコを〝冬虫夏草〟と呼ぶことにしよう（例外として菌生冬虫夏草〈プレート16〉などがあるが）。

そして、キノコとカビは大きさの違いだった。つまりクモや昆虫に生える菌でも、はっきりした子実体《しじつたい》を作らずカビ状のものは冬虫夏草と呼ばない。

これで大体は話が通じるように思う。以下、この本ではこの程度の定義で冬虫夏草という言葉を使おうと思う。

意外だった〝表の顔〟

「これは冬虫夏草でしょうか」と書かれた手紙と共に、ボ

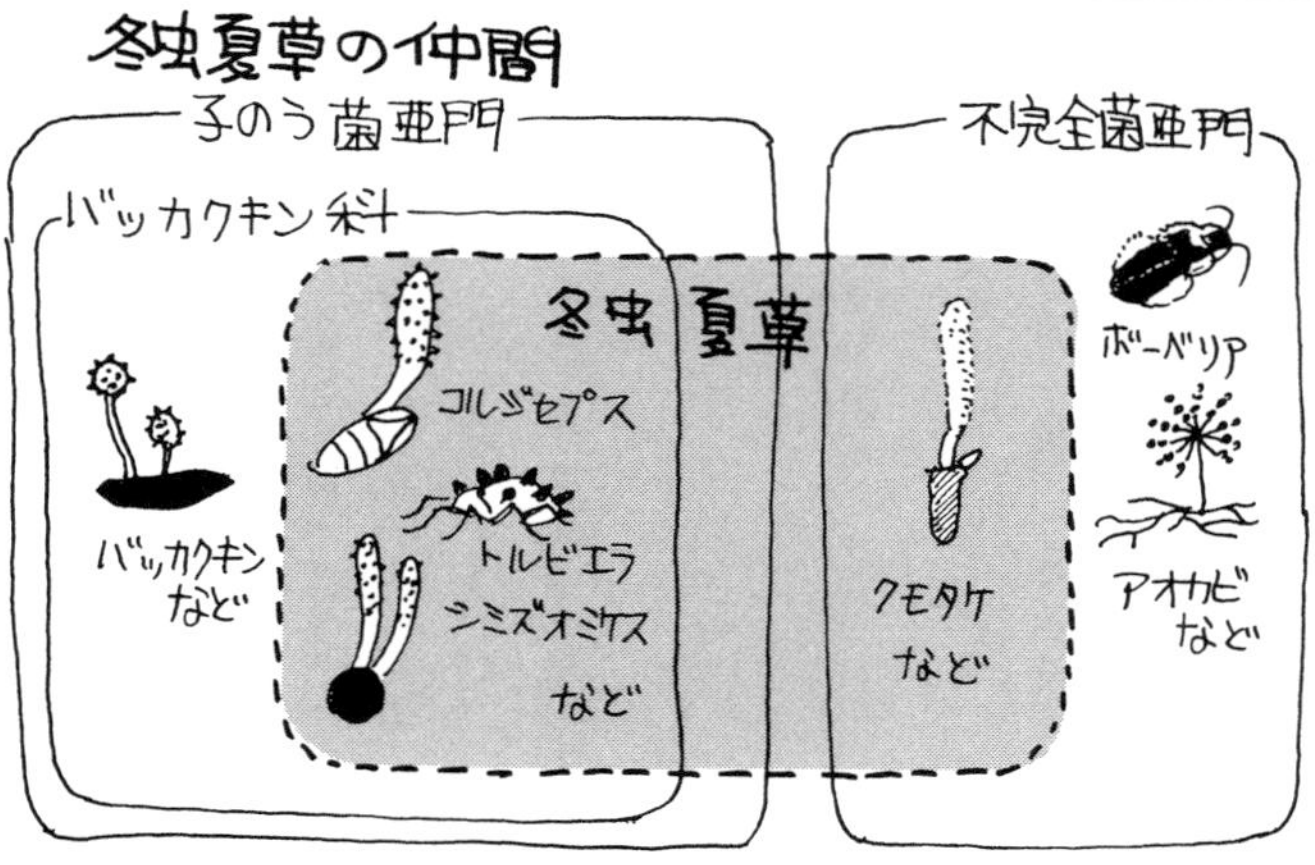

冬虫夏草は二つのグループにまたがっている。

ーベリアの仲間に取りつかれたコカマキリが知人から送られてきたことがある。

パート1でも述べたが、ボーベリアという菌に取りつかれた虫は、その節々《ふしぶし》から綿《わた》のような白い菌《きん》糸《し》を吹き出し、硬化《こうか》して死亡する（そのため「硬化《こうか》病菌」と呼ばれている）。はっきりした子実体《しじつたい》は作らずカビ状なので、先の定義に従ってボーベリアは冬虫夏草とは呼ばない。

ただし、ボーベリアがまったく冬虫夏草と無縁だというわけではない。

ボーベリアは不完全菌類の一員で、その仲間が何種かある。そのうちの一種を森林総合研究所の島津光明先生が一定の条件で培養《ばいよう》したところ、子のう果をつけた子実体《しじつたい》が発生したのだ。コガネムシに取りつくこのボーベリアの一種は、先のコルジセプス属の一種（学名はあるが和名はつけられていない）の裏の顔だったということがわかったのだ。

これを知って、僕はとても驚いた。何せそれまでボーベリアを見つけても、「何だボーベリアか」ですませていたから。

冬虫夏草には、表の顔（完全型）と裏の顔（不完全型）がある。その姿の違いにあらためてびっくりする。本当に冬虫夏草は一筋縄《ひとすじなわ》ではいかない……。

難しい話が長々と続いてしまった。最後に、冬虫夏草同様、虫を倒す菌たちについて簡単に整理しておこう。

冬虫夏草を含め、昆虫に取りつく菌を「昆虫病原菌」と呼ぶ。様々な分類群の菌がこれに含まれる。真菌門には五つのグループ（亜門）があることは先にふれた。このうち、昆虫に取りつくことがまったくないグループは、シイタケやマツタケなどを含む担子菌亜門だけだ。

五つのグループのそれぞれに、どんな昆虫病原菌が含まれているか、次にあげてみよう。

真菌門

鞭毛菌亜門——ボウフラ菌（この本には登場しない）。

接合菌亜門——昆虫疫病菌（エントモファーガ属など）。

子のう菌亜門——冬虫夏草（コルジセプス属など）。

担子菌亜門——なし。

不完全菌亜門——冬虫夏草（クモタケ㊵など）。

硬化《こうか》病菌（ボーベリア属など）。

冬虫夏草ほど目立つ存在ではないけれど、昆虫疫病菌や硬化《こうか》病菌は、昆虫の〝天敵〟として自然界では大きな役割を果たしている。

次なるテーマへ

「冬虫夏草に、オシベとメシベって、あんの？」

コーキのこの質問に答えようとしたら、これだけの説明が必要になってしまった。でも前のパート1とこのパート2を合わせて、ほぼ冬虫夏草の基本については説明できたかと思う。

冬虫夏草の研究はまだ途上にある。名前が確定しないものが多いなど、まだ戸籍《こせき》作りの段階だ。だからサナギタケ⑰などを除いて、その〝生態〟もほとんど知られていない。

次のパート3からはこの冬虫夏草の生態に少しでも迫ってみたいと思う。冬虫夏草と、それに取りつかれる虫との関係はどうなっているのか。普通種と珍種と呼ばれるものがあるが、その違いはいったい何か。そんなことを考えてみたい。そして、実際に冬虫夏草を探すにあたってのポイントも、体験をふまえて紹介しようと思う。

話は僕が沖縄に移住するずっと以前にさかのぼる。

パート3◉普通のものと珍しいもの

一〇メートルを三〇分かけて歩め

僕が冬虫夏草というものの存在を知ったのがいつだったかは、はっきりしない。おそらく子どもの頃に両親が買ってくれた子ども向けの虫の図鑑が最初ではなかったかと思う。地中のニイニイゼミの幼虫から出たセミタケ❶の絵が載《の》っていたことを、今でもうっすらと覚えている。

僕は小さな時から生き物が好きだった。小学校低学年の頃に貝拾いにはまり、以後昆虫採集がこれに続いた。庭の一角にシダを植え、ミニ植物園を作ったりもした。高校時代、生物部に入った僕は、友人とキノコ班なるものを立ち上げ、日々キノコ狩りに明け暮れていた時期もある。大学の生物学科に入学後も、生物系サークルに入部。同時に山登りも始めた。

そんな僕ではあったが、しかし冬虫夏草の実物を見たことはなかった。見られるものとも思っていなかった。

冬虫夏草はレア……。まさにそう思い続けていた。

例えばキノコ狩りに夢中になっていたり、生き物を観察しながら山登りをしていても、それだけではまず滅多《めった》に冬虫夏草には出会えない。

まず、冬虫夏草は小さい。大きくて数センチ、小さなものでは数ミリの地上部しかない。普通に歩いていて、見つけるのは至難《しなん》の技《わざ》だ。

『冬虫夏草図鑑』等の著者清水大典先生は、その一生を冬虫夏草に捧《ささ》げた冬虫夏草屋にとっては神様のような人だ。その清水先生は、生前、よく言っていた。

「立って冬虫夏草を探すのは、地面上にさしたヨウジを上から見て探すようなものです。しかもそのヨウジに茶色とか黒とか色が塗ってあったらどうですか?」と。

つまり、地面に顔を近づけて探すのが肝心《かんじん》ということ。当然、そんなことをしていたら、移動速度ははなはだしく遅くなる。

「一〇メートルを三〇分かけて進め」

それが心構えだと先生は続ける。

「これは落ち葉、あれはソウメンタケ、こっちは虫の卵……そうして地面上のものを全部読んで、あてはまらないものがあったらそれが冬虫夏草の候補です」

そんなふうにも言われた。

「よく人の前へ前へと進んで珍しいものを取ろうとする人がいますが、そんな欲の張った人には絶対見つけられません」

小柄《こがら》ながら、眼光鋭い先生にそう言われた時、僕は心底どきっとした。

ある日、初めての出会い

地面を這《は》いつくばって進む。

冬虫夏草探しのコツを一言で言うなら、こうなる。といっても、僕はそれまで山道をそんなふうにして登ったことはなかった（やっていたらかなり奇態だし迷惑でもある）。だから、仮に冬虫夏草が生えていたとしても、僕はその存在に気づくことはなかった。

ところがある時、この清水先生の教えを知らず知らずのうちに実践することとなり、冬虫夏草は僕の眼前に姿を現した。

大学三年の夏。僕は丸々二ヵ月を屋久島の山中で過ごしていた。

鹿児島県の沖合に浮かぶ九州一の高峰宮之浦岳《みやのうらだけ》（一九三六メートル）をいただく屋久島は、世界遺産の島として名高い。とりわけ、一説に樹齢七〇〇〇年以上とも言われる縄文杉や、アニメ映画「もののけ姫」の舞台のモデルになったという白谷雲水峡《しらたにうんすいきょう》などは有名で、季節になると大勢の人々でにぎわう。

僕が屋久島山中にこもったのはもう二〇年以上も前で、その頃は島を訪れる人もごくわずかだった。とりわけ僕がキャンプを張っていた花山原生林《はなやまげんせいりん》は、現在でも訪れる人が限られていて、当時、まったく人影を見ることはなかった。

僕はこの時、屋久島での原生環境保全調査の調査員をしていたのだ。一年先輩の指導のもと、標高一〇〇〇メートル付近のスギ原生林の植生調査がその仕事。一〇〇メートル四方内のすべての木の位置、太さ、高さを測定し、地図に落す。それぞれの木の葉の広がりも地図に落す。さらには林床《りんしょう》の植物調査もあった。すなわち、林床《りんしょう》に生える木々の芽生えすべてを地図に描き込む作業である。森の中を這《は》いずり回ることになった。

巨大な屋久杉も、芽生えはわずか数センチ。これを一本一本数えていく。腰を落し、下ばかり見続ける。連日、そんな調査に明け暮れた。

ある日、落ち葉の下から見慣れないものが顔を出していることに気がついた。黒く細長い柄《え》の先端が、マッチの先端のようにふくらみ、赤く色づいている。そっとその根元を探《さぐ》ると、落ち葉の下から、緑色のカメムシが出てきた。

「冬虫夏草だ！」

僕はこうして、生まれて初めて実物の冬虫夏草、カメ

ムシタケ❼に出会ったのだった。

一五年間の成果

カメムシタケ❼は、僕にとって最初に出会った特別な冬虫夏草だ。だからといって、僕がすぐに冬虫夏草に〝はまった〟わけではない。しかし一度でも実物を見るということは、自分の中に大きな変化が起こるものだ。以後、僕は冬虫夏草を〝見つけられる〟ようになった。いや、生えているのに気がつくようになったということだ。これはいわば〝冬虫夏草眼鏡〟をかけて森を見るようになったということだろう。

大学在学中、東京近郊の林でさっそくハナサナギタケ㉒やサナギタケ⑰を発見した。そして卒業後、僕は教員として埼玉県飯能《はんのう》市にある私立自由の森学園中・高等学校に就職した。この新設校は、雑木林に囲まれた中に建っていた。関東平野の端っこに当る所で、ちょうど低い丘陵《きゅうりょう》が立ち上がり、やがて秩父《ちちぶ》の山々へと連なる、その平野と丘陵《きゅうりょう》の境目《さかいめ》に当っていた。この恵まれた立地の中、僕は理科教員として過ごした。そして学校の敷地から一、二歩出た所で冬虫夏草が見つかったりした。

飯能《はんのう》市は、いわゆる里山と呼ばれる古くから人間が利用してきた自然に囲まれている。田んぼ、畑、雑木林、植林地、それらがモザイク状に、微地形《びちけい》（小規模な地形）に合わせて入り組んでいる。冬虫夏草は、何も原生林にまで行かなくても、身近な里山環境でも見つかるものなのだ。

自由の森学園に在職した一五年間、僕は飯能《はんのう》市で次のような冬虫夏草を見つけている。

完全型

サナギタケ⓱
ベニイモムシタケ？㉖
シロツブクロクモタケ㊳
カメムシタケ❼
ガヤドリキイロツブタケ㉓
不完全型
ハナサナギタケ㉒
コナサナギタケ㉑
ツクツクボウシタケ❹
ヤンマタケ㉞
オサムシタケ㉜
ギベルラタケ㊶
もちろんこの中で、普通に見つかるものと、そうでないものがある。

大切な三つのポイント

教員になって一二年目の秋。僕は高校三年の生徒たち何人かを引き連れて、学校近くの林に入った。学校周辺の丘陵《きゅうりょう》地帯には、何本もの沢が流れている。かつてはその沢筋《さわすじ》に沿って田んぼが広がっていたのだが、そうした谷戸《やと》田《だ》はいまや休耕田となってしまった所が多い。この谷戸《やと》田《だ》周辺の沢沿いの林が、湿気を好む冬虫夏草の発生する適地になっている。だから、冬虫夏草を探しに行くなら、長靴をはいて、じゃぶじゃぶと沢を歩いて見ていくとよい。

ところで、ここまで登場したサナギタケ⓱やカメムシタケ❼などは、土の中や、落ち葉の下の虫から発生した冬虫夏草だった。こうした冬虫夏草を「地生《ちせい》型」と呼んでいる。沢沿いの土手では、こうした地生《ちせい》型の冬虫夏草が見つかるだろう。

沢に倒れ込んでいる倒木にも要注意。倒木が古くなって朽《く》ち木になると、様々な虫たちがその中にすみつくようになる。そうした朽《く》ち木の中にすむ虫から発生するのが、「朽《く》ち木生型」の冬虫夏草だ。

さらに忘れてはならないのが「気生《きせい》型」の冬虫夏草だ。大気中の湿度が高い沢沿いでは、沢に張り出した低木の葉裏や、木の幹、さらには脇《わき》の岩や崖《がけ》などに冬虫夏草がくっついていることがある。

地生《ちせい》型、朽《く》ち木生型、気生《きせい》型、それぞれに発生状態が違っている。取りつく虫も、発生している冬虫夏草の種

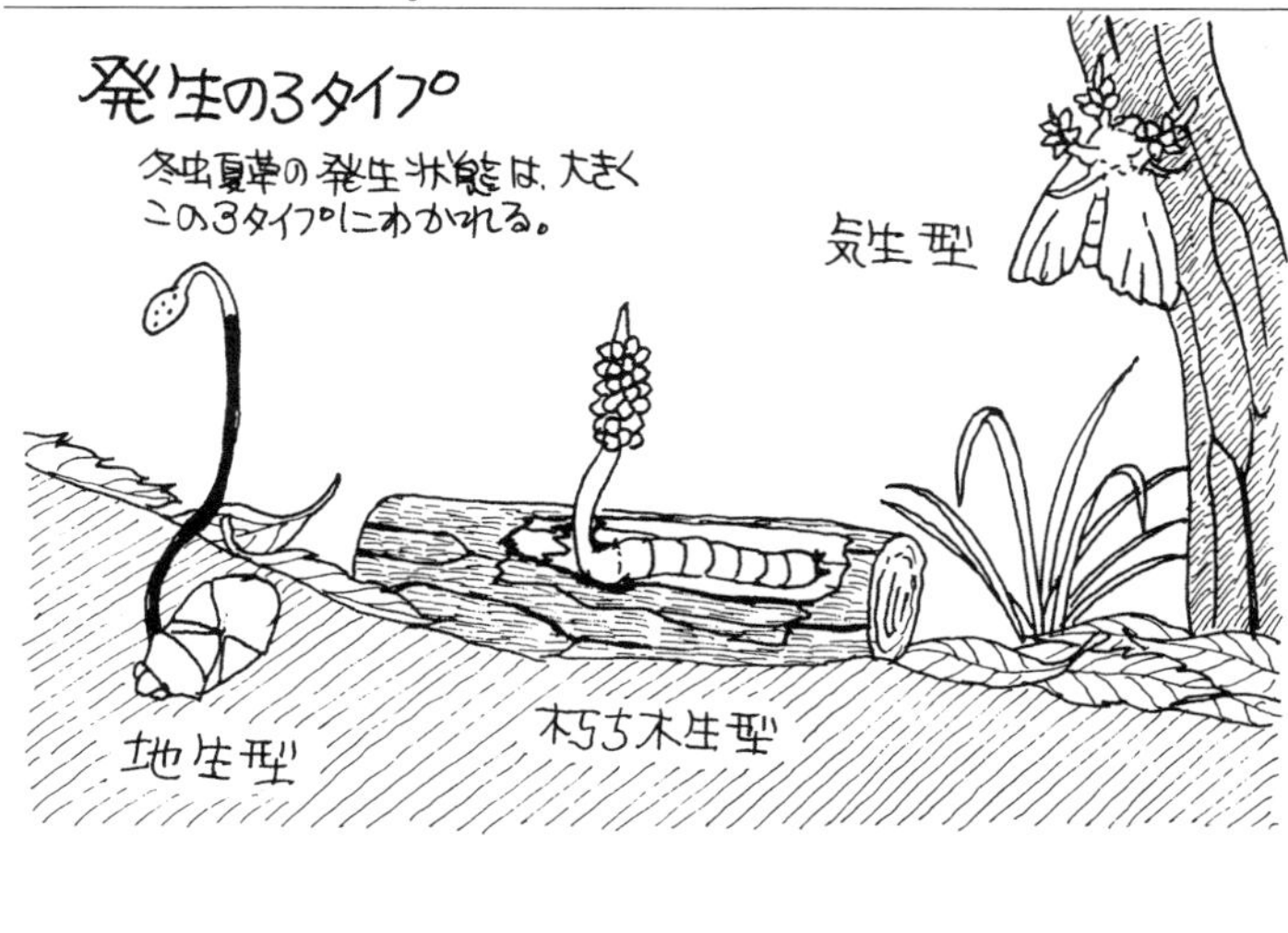
発生の3タイプ
冬虫夏草の発生状態は、大きくこの3タイプにわかれる。
気生型
地生型
朽ち木生型

類も違う。

冬虫夏草を探すには、まずは這《は》うようにして、ミクロな範囲に焦点《しょうてん》を合わせること。そして、里山では、沢沿いの林など、湿度の高い環境に狙《ねら》いをしぼる。これが、冬虫夏草を探す二大ポイントだ。もう一つ、冬虫夏草探しには時期が重要となる。多くの冬虫夏草は、クモタケ㊵のように、梅雨明けから夏にかけて発生する。「キノコ狩りは秋」というイメージは捨てなくてはならない。僕も初めの頃、このイメージに縛られて、なかなか冬虫夏草が探せなかった。この「いつ探しに行くか」が三つ目の大きなポイントになる。

ぜいたくな話だが

秋から冬にかけては、一応、冬虫夏草のオフシーズンに当る。しかしこれにも例外がある。サナギタケ⑰は晩夏から秋によく発生を見るし、ハナサナギタケ㉒は冬をのぞいてほぼ一年中その発生を見る。さらに、落葉樹が葉を落すこの時期、気生《きせい》型の冬虫夏草はかえって見つけやすいという利点もある。僕が高校三年の生徒たちを引き連れ、一〇月初旬にとある林の沢にやって来たのは、まさに気生《きせい》型の冬虫夏草を探すためだった。

「あった」

「なんだ、またガヤドリキイロツブタケ㉓？」

沢の中でそんな会話を交わす。

気生《きせい》型のガヤドリキイロツブタケ㉓が、木の幹に張りついていた。三センチほどのこげ茶色をした地味な色の翅《はね》を持つヤガの仲間の成虫。そのガの体じゅうから、一センチほどの菌糸《きんし》の突起が突き出ている。

完全型のガヤドリキイロツブタケ㉓は、梅雨の頃、この菌糸《きんし》の突起（子実体《しじつたい》の子座柄《しざへい》）の頭部に、黄色い子のう果を多数つける。秋から冬にかけて見られるものは、夏に、この胞子《ほうし》に感染し死亡したガから発生した菌糸《きんし》の突起で、翌年の梅雨の頃を待つ未熟なものばかりだ。

「またガヤドリキイロツブタケ㉓か……」

生徒たちがうんざりしたように言う。この日、距離にして数百メートルの沢沿いで、都合八本のガヤドリキイロツブタケ㉓の未熟個体が見つかった。ぜいたくな話ではあるが、こうも同じ種類ばかりだと、さすがにちょっと飽《あ》きてくる。

タカシやニラらは、この半年、僕に影響されて、徐々に冬虫夏草に興味を持ち始めていた。そのタカシが言う。

「やっぱ、ヤンマタケ㉞を見たいよ」

そして「ヤンマタケ、ヤンマタケ……」と唱え始めた。里山の気生《きせい》型の冬虫夏草で、王者の風格を持つのが、このトンボに発生するヤンマタケ㉞だ。

大発見に舞い上がる

タカシの呪文《じゅもん》が利《き》いたのか、沢のどん詰まりで僕は気になるものを発見した。水面からおよそ二メートルほどの高さの枝に、ミルンヤンマが止まっている。

ミルンヤンマは、木々で覆《おお》われた暗い沢の中で見られるトンボで、飯能市《はんのう》ではほとんどのヤンマタケ㉞がこのトンボに取りついていた。枝に止まっているミルンヤンマは、翅《はね》を広げているが、しかしピクリとも動かない。

「ひょっとして、ヤンマタケ㉞が取りついたばかりのやつ……?」

「すげー!」

「今度また見に来よう」

僕らは、この最後の大発見に大喜びした。

それから約一週間後。僕は一人でこのミルンヤンマの様子を見に行った。と、くだんのトンボはすでに翅《はね》を落とし、腹の節々《ふしぶし》から白い菌糸《きんし》を吹き出し始めていた。やはりヤンマタケ㉞だったのだ。

「これはすごい。来年の夏まで継続して観察すれば、ヤンマタケ㉞の一生が追えるぞ」

そう思って、沢の中で一人、にやにやしてしまう。

かつて僕が最初にヤンマタケ㉞を見つけたのは、やはり生徒を引き連れてキノコ狩りに行った時だった。偶然、学校の敷地を一歩出た所にある沢で、枝にくっついていたヤンマタケ㉞を見つけたのだった。

「すごい、すごい」

もう生徒そっちのけで舞い上がる。本来のキノコ狩りなんて、どうでもよくなってしまった。

枝にくっついていたミルンヤンマは、すでに翅《はね》を落としていた。その棒のようになった体の節々《ふしぶし》から、五ミリほどの小さな子実体《しじつたい》がいくつも出ている。それは、やや白みがかった朱色《しゅいろ》だ。ヤンマタケ㉞は不完全型ではあるけれど、トンボにつくキノコというインパクトは強烈だ。

以後、うなされたようにヤンマタケ㉞を探して歩いた。最初は偶然でしか見つけられず、数年に一本という発見率。しかしやがて「ここにはあるかも」と思えるようになる。

休耕田のあるような沢沿い。その沢に沿って、トンボの止まりそうな枝を片っぱしから見て歩く……。そして毎年、一、二本はヤンマタケ㉞を見つけられるようになった。それでも、ヤンマタケ㉞に倒されたばかりのミルンヤンマを見つけるなんて、初めてのことだった。

大雪にいやな予感

冬虫夏草はけったいなキノコだ。姿、形からしてそそられる（見ようによってはグロテスクなんだろうけど）。

それに、普通に野山を歩いているだけではまず目に入ってこない。だから最初のうちは、とにかく見つけるだけで嬉しかった。

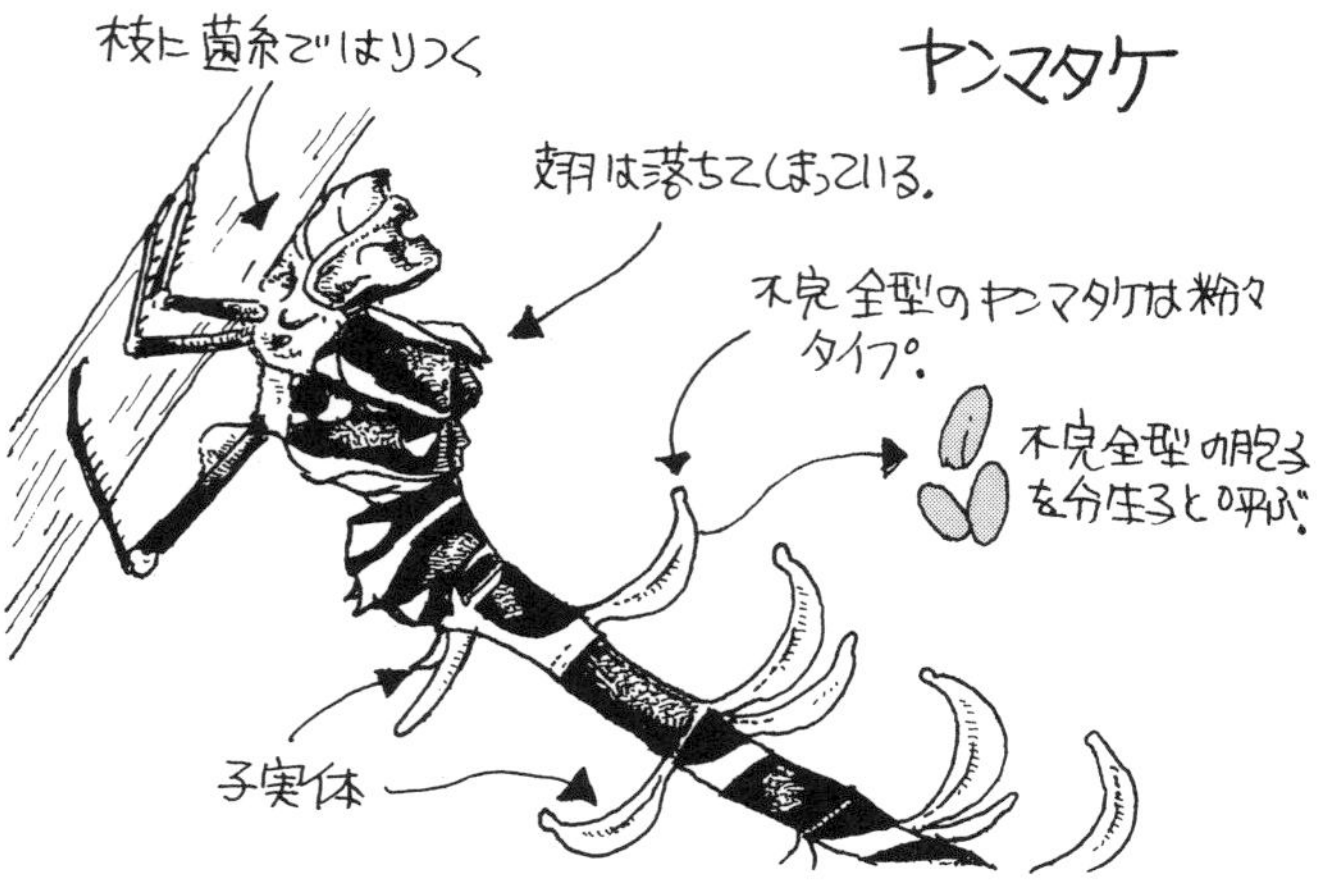
枝に菌糸ではりつく
ヤンマタケ
翅は落ちてしまっている。
不完全型のヤンマタケは粉々タイプ。
不完全型の胞子を分生子と呼ぶ。
子実体

そのうち、「ここには生えているかも」と多少なりとも発生環境が読めるようになってくる。もちろん何もないことが多かったりするけれど、そうして「読んだ」結果、まんまと冬虫夏草を見つけると、これは嬉しい。

そしてさらに、次にはその生活ぶりが気になってくる。

ヤンマタケ㉞に取りつかれたばかりのミルンヤンマ。それはヤンマタケ㉞の知られざる生活の一端を、僕らにかいま見せてくれるものに思えた。

一一月中旬。ヤンマタケ㉞は菌糸《きんし》で枝にしっかり張りつくようになっていた。しかし、まだ子実体《しじつたい》は伸びていなかった。その一週間後、タカシらと再び観察におもむく。腹の節《ふし》から、ほんのわずか子《し》実体《じったい》が伸び出していた。これから冬を迎える。おそらくこのまま成長を止めて越冬し、来年の夏に成熟するだろうと思えた。

年を越えた。

一月中旬。飯能《はんのう》市ではまれにみる大雪となった。積雪は三〇センチ以上。ちょっといやな予感がする。

「この雪で、ヤンマタケ㉞が落ちちゃわなかっただろうか」

「ビデオで撮影しようと思ってたんだけど……」

一月下旬、そんな不安を抱え、タカシらと沢に入る。あちこちでスギが雪の重みに耐えかねて倒れていた。そしてかの枝は、周囲の木が根こそぎ倒れ、その巻き添えとなっていた。当然、ヤンマタケ㉞は影も形もなくなっていた。

この時ほど大雪を恨《うら》んだことはない。以来、ヤンマタケ㉞に取りつかれて死んだばかりのミルンヤンマなんて、見つけたことは二度とない。

「坪」を探す

ヤンマタケ㉞の一生を追うもくろみは、こうしてあえなく夢と消えた。

それでも一〇年以上も冬虫夏草を追っていると、飯能《はんのう》市では、どの冬虫夏草が、いつ頃どこで見られるかという「カレンダー」と「地図」が僕の頭の中で出来上がっていった。

ところで飯能《はんのう》市では、ヤンマタケ㉞にもまして見つけにくい冬虫夏草があった。それがカメムシタケ❼だ。結局一五年間の飯能《はんのう》市での探索で、僕は二回しかカメムシタケ❼に出会っていない。こんなにわずかだと、「いつ」「どこで」というカレンダーや地図は作れない。

とはいえ、カメムシタケ❼は全国的に見ると決して珍しい冬虫夏草ではない。タカシらと冬虫夏草を追っかけたのは、わずか一年ほどだが、その間に僕らは二度、飯能《はんのう》市以外でカメムシタケ❼に出会っている。

一度は修学旅行で出かけた秋田の林道でのこと。これは狙《ねら》って見つけたものではなく偶然の産物だったけれど、都合四本のカメムシタケ❼を見つけることができた。

もう一度は狙《ねら》ってカメムシタケ❼を探しに行った。飯能《はんのう》市から電車に乗って一時間余り。秩父《ちちぶ》の山中の沢沿いの林を探索すること半日で、合計二三本ものカメムシタケ❼を見つけることができたのだった。かつてある年、生徒たちとキャンプに行った際、カメムシタケ❼が生えているのをたまたま見つけ、以来、八月上旬にこの林へ入れば、必ずカメムシタケ❼が見つかることを経験的に知っていたのだ。

冬虫夏草が生える場所は、ほぼ毎年決まっている。業界用語で、そういった場所を「坪《つぼ》」と呼ぶ。飯能《はんのう》市ではカメムシタケ❼の「坪《つぼ》」を見つけられなかったが、秩父《ちちぶ》の「坪《つぼ》」へ行けば、確実にカメムシタケ❼を見つけられる。そういうことなのである。

この時まではまだ、なぜ飯能《はんのう》市にカメムシタケ❼が少ないかをそれほど気にはしていなかった。逆に、「秩父《ちちぶ》に行けば毎年見られるものなんだ」と単純に思っていた。

「カメムシタケ❼は普通種」

僕の中で、そんな〝ランキング〟ができてしまった。ヤンマタケ㉞なら血眼《ちまなこ》になる僕も、カメムシタケ❼には「なーんだ」と思うだけだった。

日本冬虫夏草の会

さて学生時代、僕は屋久島の山中で、偶然、一本のカメムシタケ❼に出会った。

やがて教員になり、生徒ともども飯能《はんのう》市の里山で冬虫夏草を追うようになった。そして「日本冬虫夏草の会」という冬虫夏草屋の団体があることを知る。その会の会長は、清水大典先生であった。

「取って食われるんじゃないか」

まだ駆け出しの冬虫夏草屋であった僕は、初めて年一回の総会「虫草祭《ちゅうそうさい》」に参加する時、内心びくびくしていた。

「おっかなそう」

清水先生の第一印象はこれである。小柄《こがら》ながら、背筋《せすじ》をいつもしゃんと伸ばしている。眼鏡の奥に光る眼は、たとえ冗談を言う時でも、どこか厳《きび》しさをたたえている。

「本業は冬虫夏草。副業は農業」

あっけらかんとこんなことを言う。年季《ねんき》の入った冬虫夏草屋が先生の周囲を取り囲んでいた。ただし話を交わすと、皆気さくな人たちだった（清水先生が本当に〝おっかない〟人であることは、その後、いろいろな話からわかってくるが）。

さて、この虫草祭《ちゅうそうさい》に合わせて採集会が行われる。年によってその場所は変わるが、いずれも日本で名立たる「坪《つぼ》」が選ばれる。

その一つ。群馬県の山中にあるK温泉。ひなびた温泉街近くの、長さ五〇〇メートルほどの沢沿いの林。ここは日本最大のカメムシタケ❼の坪《つぼ》であり、何度か虫草祭《ちゅうそうさい》が催されている。

K温泉で開かれた第一五回虫草祭《ちゅうそうさい》（一九九五年）の記録がある。条件のいい一級坪《つぼ》は、特定の種類だけでなく、他種類の冬虫夏草が同時に見つかる。

四二名の参加者の探索の結果、この坪《つぼ》から二六種もの冬虫夏草が見つかった。地生《ちせい》型が一二種、朽《く》ち木生型が一〇種、気生《きせい》型が四種であった。うち完全型は一九種。

発見されたものの中で断然多いのがカメムシタケ❼。不完全型のエダウチカメムシタケ❼（d・f）も合わせると、総計なんと九七〇本ものカメムシタケ❼が、この坪《つぼ》から見つかったのである。

これだけカメムシタケ❼が見つかると、「なーんだ、またか」どころではなく、びっくりする。

それにしても不思議。飯能市《はんのう》ではごく稀《まれ》にしかカメムシタケ❼が見つからない。群馬のK温泉では、毎年のように何百本ものカメムシタケ❼が見つかる。

これはいったい、どういうことだ？　初めて「普通種」と言われるカメムシタケ❼が気になり始めた。

のけぞったカメムシ屋

カメムシタケ❼には謎がある。

それに気づいたのは、ひょんなきっかけからだった。飯能市《はんのう》で開かれたとある自然観察会に参加した日。僕はその会に講師として招かれていたノザワさんと知り合うことになった。

高校の先生をしているというノザワさんには別の顔があった。

「これはオオメナガカメムシですね」

葉っぱの上に止まった、体長四ミリほどの小さな虫を指して、ノザワさんがこともなげに言う。ノザワさんのもう一つの顔は〝カメムシ屋〟であるのだ。

カメムシというのは捕まえると嫌《いや》なにおいを出すところから、嫌う人も多い虫である。ところがカメムシは日本だけでも九〇〇種以上が知られているのだ。小さな種類も多く、図鑑でもなかなか名前がわからない。そんなカメムシだけを特異的に追っかけている人なんていうのも、世の中にはまたいるのだ。

「カメムシ屋さんの目には、自然はどんなふうに見えるんだろう」

自分のことは棚《たな》に上げて、ノザワさんにとっても興味を持ってしまった（カメムシ専門の図鑑を開くと、カメムシ屋はカメムシのにおいを〝素晴らしい〟と感じてしまうなんて話が出てくる）。

ノザワさんに接近すべく、僕は次回に会うチャンスを待って、以前に海外で捕まえていたカメムシの標本などを進呈《しんてい》することにした。その中にカメムシタケ❼の標本も加えていた。

「カメムシ屋さんに、カメムシタケ❼をあげても何か邪道《じゃどう》かなぁ……」

そんなことを思いつつ……。

ところが、海外産のカメムシたちをふんふんと受け取ったノザワさんが、カメムシタケ❼を見るなりのけぞった。

それが僕の課題になった

「これフトハサミツノカメムシじゃないですか！」

プラスチックケースに無造作に詰め込まれたカメムシタケ❼を指差して、ノザワさんが興奮している。何のこっちゃ、と思う。

「フトハサミツノカメムシを捕まえると、○○さんなんか、わざわざ僕んとこへ電話してくるんですよ！」

つまり、それほど珍しいカメムシってこと？

僕がノザワさんに進呈《しんてい》したのは、群馬県のK温泉産のカメムシタケ❼だった。カメムシタケ❼は様々なカメムシに取りつく。それはすでに僕自身、気づいていることだった。でもいちいちカメムシタケ❼が取りついているカメムシが何という名前か、そこまでは気にしていなかった。何せ、九〇〇種以上のカメムシが日本では知られているのだ。

「これも、これもそうです」

K温泉産のカメムシタケ❼は、カメムシ屋にとっての珍種、フトハサミツノカメムシから発生していた。しかも、いくつもあったのだ。そのことがノザワさんを興奮させたのだった。

カメムシタケ❼は、カメムシ屋以上にカメムシ専門の〝ハンター〟と言える。そしてカメムシタケ❼は、ひょっとして珍しいカメムシが好きなのか?……

カメムシタケ❼は、どんなカメムシに取りつくのか。突然、それが僕の課題になった。

すでにあった先達の研究

ノザワさんに進呈《しんてい》したカメムシタケ❼一二本中、五本がフトハサミツノカメムシから発生したものだった。

ではこれはたまたまのことなのか? それとも何らか

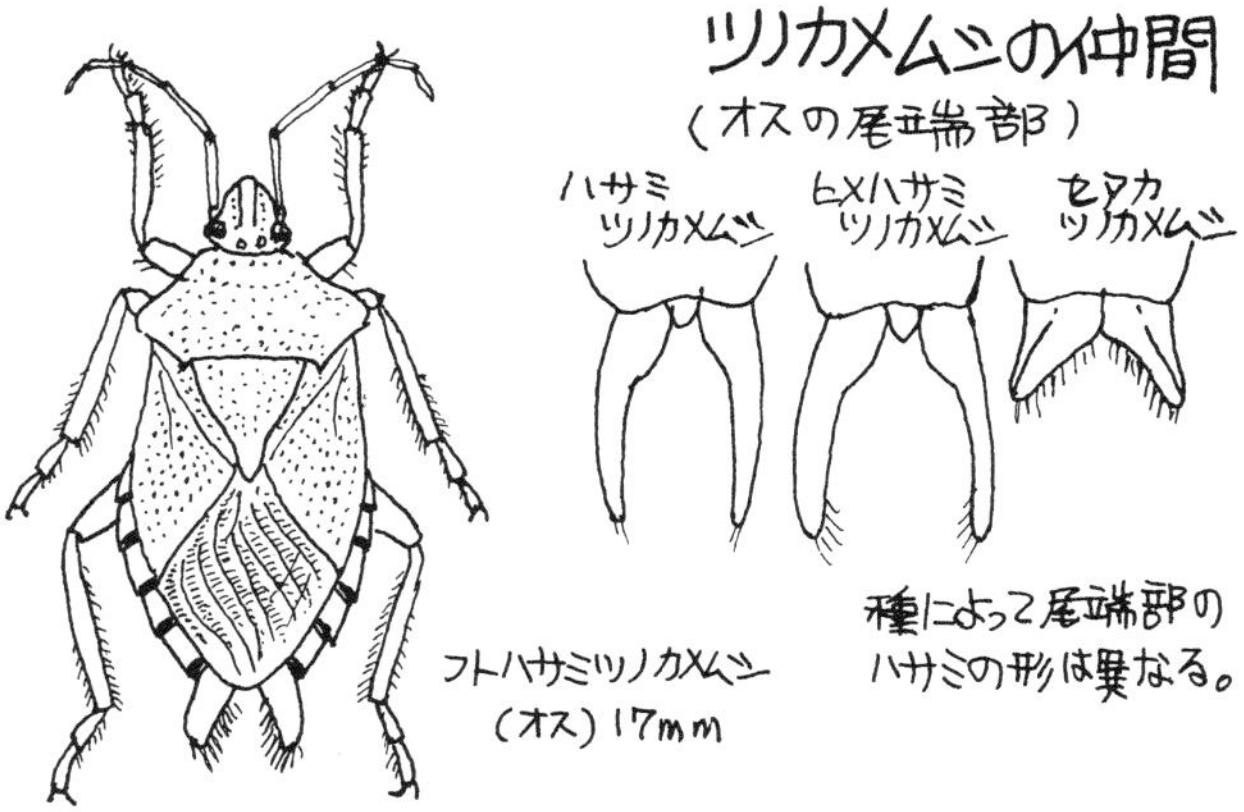

の理由があるのか？　カメムシタケ❼は、いったい、どんなカメムシに取りつくのか。

調べてみると、同じ興味を持った人はすでに何人かいた。

そもそもカメムシタケ❼が世に知られたのは九州の福岡産のものを、土地の人々が薬用として利用していたことによる。明治一二（一八七九）年刊の『筑後地誌略』には冬虫夏草ならぬ「夏虫冬草」の名で紹介されている。当時この地にいたフランス人宣教師ソーエヤーが、本国にこの冬虫夏草を送り、学名がつけられると共に学界発表もされている。

戦前から戦後にかけて、九州帝国大学に江崎悌三という著名な昆虫学者がいた。この江崎博士が地元ということもあって、すでに昭和四（一九二九）年にカメムシタケ❼の宿主《しゅくしゅ》リストを発表している（「福岡県八女郡産夏虫冬草について」『九州帝国大学農学部学芸雑誌』三巻三号）。

江崎博士はいろいろな文献を調べ、一五種のカメムシをカメムシタケ❼の宿主《しゅくしゅ》としてこの論文で報告した。さらに博士はその三年後、このリストを補う報告を書いている（「カメムシタケの寄生椿象補遺」『むし』四号、一九三二年）。この中では四種のカメムシを宿主《しゅくしゅ》として追加した。

江崎博士以外でも、菌類学者の川村清一博士が著作（『原色日本菌類図鑑第八巻』）の中で、同様な宿主《しゅくしゅ》リストを発表している。この中には江崎博士の報告とは重なっていないカメムシが新たに三種掲《けい》載《さい》されている。

合計二二種。

これが僕がこの問題に興味を持つまでに、すでに先達の研究者が調べ発表していた結果だった。

江崎、川村両博士の宿主《しゅくしゅ》リストを表1にまとめてみる。

僕の予想は大外れ

表1は、どんなカメムシがカメムシタケ❼に取りつかれたことがあるか、というリストである。

珍種のカメムシだというフトハサミツノカメムシの名もある。フトハサミツノカメムシがカメムシタケ❼に取りつかれるということは、すでに報告されたことだった。

しかし僕の問題としては、カメムシタケ❼がとりわけ珍しいカメムシばかりに取りつくのかということである。

江崎博士は、カメムシタケ❼について書いた最初の論文の中で、リストだけでなく、自分で二四四本ものカメムシタケ❼を調べて、

表1：江崎・川村両博士の報告したカメムシタケの宿主となるカメムシのリスト。
（所属する科は、現在の分類にあわせて変えてある）

ヘリカメムシ科	1、オオヘリカメムシ
	2、ホシハラビロカメムシ
	3、ツマキヘリカメムシ
	4、ハラビロヘリカメムシ**
マルカメムシ科	5、マルカメムシ
ノコギリカメムシ科	6、ノコギリカメムシ
カメムシ科	7、ヨツボシカメムシ
	8、クサギカメムシ
	9、チャバネアオカメムシ
	10、アオクサカメムシ
	11、ツノアオカメムシ
	12、クチブトカメムシ
	13、エビイロカメムシ
	14、トホシカメムシ*
	15、アシアカカメムシ**
ツノカメムシ科	16、セアカツノカメムシ
	17、ハサミツノカメムシ
	18、モンキツノカメムシ
	19、フトハサミツノカメムシ*
	20、ヒメハサミツノカメムシ*
	21、エゾツノカメムシ*
	22、ヒメツノカメムシ**

無印＝江崎1929に発表したもの
＊印＝後に江崎による追加（1931）
＊＊印＝川村による追加（1971）

どのカメムシに何本カメムシタケ❼が取りついていたかという調査の報告もしている。これを見れば、「どんなカメムシが取りつかれやすいか」の傾向が見て取れる。その江崎博士の報告を**表2**にまとめてみた。

表2では、最も数が多いのがツマキヘリカメムシで、割合にすると全体の六三%に当る。ツマキヘリカメムシは体長一センチほど。全身こげ茶色で、イタドリなどによくつく普通種のカメムシだ。

この江崎博士の報告は、「カメムシタケ❼は珍しいカメムシばかりに取りつく?」という僕の〝予想〟のまるで逆の結果となっている。**表2**の調査リストでは、フトハサミツノカメムシは種名さえ上げられていない。

どうやら、僕の〝予想〟が当るかどうかを確かめるには、僕自身でもっとカメムシタケ❼を見てみる必要がありそうだ。考えてみれば、地域によって見られるカメムシの種類にも違いがあるだろうから。

そこで、カメムシタケ❼の宿主《しゅくしゅ》調査を、何年かがかりでやってみようと思い立った。

表2：江崎博士が報告した九州福岡産カメムシタケの宿主とその本数のリスト。
（種名の前の数字は表1と対応。%は全体に占める割合）

ヘリカメムシ科	1、オオヘリカメムシ	19本（7.8%）
	2、ホシハラビロカメムシ	42本（17.2%）
	3、ツマキヘリカメムシ	154本（63.1%）
マルカメムシ科	5、マルカメムシ	1本（0.4%）
ノコギリカメムシ科	6、ノコギリカメムシ	9本（3.7%）
カメムシ科	7、ヨツボシカメムシ	4本（1.6%）
	8、クサギカメムシ	8本（3.3%）
	9、チャバネアオカメムシ	3本（1.2%）
	12、クチブトカメムシ	3本（1.2%）
ツノカメムシ科	18、モンキツノカメムシ	1本（0.4%）
		合計244本

「福岡県八女郡産夏虫冬草について」江崎悌三1929より。

四年間の調査結果

僕の見つけた秩父《ちちぶ》のカメムシタケ❼の坪《つぼ》。そこでの四年間の宿主《しゅくしゅ》調査の結果を見てみよう。総数は四三本である。

調査開始年　クサギカメムシ　三本
　　　　　　オオツマキヘリカメムシ　六本
二年後　クサギカメムシ　四本
　　　　オオツマキヘリカメムシ　一六本
　　　　ホシハラビロヘリカメムシ　一本
三年後　クサギカメムシ　四本
　　　　ツマジロカメムシ　二本
　　　　オオツマキヘリカメムシ　二本
五年後　クサギカメムシ　三本
　　　　ヨツボシカメムシ　一本
　　　　セアカツノカメムシ　一本

以上のようになった。

まず、江崎・川村両博士のリスト（表1）で報告されていない、新たな宿主《しゅくしゅ》が見つかった。それがヘリカメムシ科のオオツマキヘリカメムシと、カメムシ科のツマジロカメムシだ。

さらに、わかったことがいくつかある。

まず、年度によって発生量や取りつくカメムシの種類に多少の差はあるものの、よく取りつかれるカメムシの種類は安定している。秩父《ちちぶ》のこの坪《つぼ》では、クサギカメムシとオオツマキヘリカメムシの二種が最も寄生を受けるカメムシだった。前者は全体の三三%、後者は五六%を占める。

次にわかったことは、やはり地域によって取りつかれるカメムシに差があるということ。つまり、優占種《ゆうせんしゅ》が何であるかは、江崎博士の報告（**表2**）とは異なっていた。江崎博士の報告にオオツマキヘリカメムシの名はないし、クサギカメムシの全体に占めるパーセンテージは三・三%とそれほど高くない。

一方で、江崎博士の報告と秩父《ちちぶ》の調査結果には共通点もある。それは、優先的に取りつかれるカメムシがいずれも〝普通種〟である点だ。

では、K温泉ではどうだろう。四年度にわたるK温泉のカメムシタケ調査の結果、K温泉でも優先的なカメムシは年度を越えて変わらなかった。

ではその優占種《ゆうせんしゅ》とは何か？

K温泉ならではのこと

K温泉での都合四年分のカメムシタケ宿主《しゅくしゅ》調査の結果は次の通りだ。総数は二五九本。

ヘリカメムシ科　オオツマキヘリカメムシ　三本

クヌギカメムシ科　ヘラクヌギカメムシ　一本

カメムシ科	クサギカメムシ	一本
	トホシカメムシ	一四本
	ツノアオカメムシ	四七本
ツノカメムシ科	セアカツノカメムシ	三一本
	ハサミツノカメムシ	八本
	フトハサミツノカメムシ	八八本
	ヒメハサミツノカメムシ	六三本
	エサキモンキツノカメムシ	三本

この結果、やはりK温泉ではフトハサミツノカメムシがカメムシタケ❼によく取りつかれていることがはっきりした。全体の二四％がフトハサミツノカメムシだったのだ。

またK温泉の調査でも、江崎・川村両博士の宿主《しゅくしゅ》リスト（表1）に載《の》っていない新たな宿主《しゅくしゅ》が確認された。それがツノカメムシ科のエサキモンキツノカメムシだ（これでカメムシタケ❼の宿主《しゅくしゅ》は合計二五種が確認されたことになる）。

僕のこの二ヵ所の調査でわかったこと。それをまとめると次のようになる。

地域ごとに、毎年カメムシタケ❼に優先的に取りつかれるカメムシは決まっている。

各地域で、どのカメムシが優先的に取りつかれるかは違いがある。

優先的に取りつかれるカメムシは、普通種の場合もあるが、珍種の場合もある。

以上の結果、カメムシタケ❼に取りつかれたフトハサミツノカメムシがごろごろ見つかるのは、K

温泉ならではの現象だとわかる。
でも、それはなぜだろう。

北海道ではどうだろう

あらゆることに言えそうだけれど、ある土地の冬虫夏草を何年も見続けることはとても重要なことである。そして一方で、他所の冬虫夏草と比較してみて初めて気がつくこともある。

ある日、日本冬虫夏草の会で知り合ったカイツさんが、北海道で採集したカメムシタケ❼を送ってくれた。二ヵ所で採集したというカメムシタケ❼は合計八本。その宿主《しゅくしゅ》リストは次のようになる。

カメムシ科　　ツノアオカメムシ　一本
　　　　　　　アシアカカメムシ　三本
ツノカメムシ科　セアカツノカメムシ　二本
　　　　　　　ハサミツノカメムシ　二本

しかしいかんせん、比較の対象として、これではサンプル数が少なすぎる。ところがこれを日本冬虫夏草の会の会誌に発表したところ、興味を持った北海道在住の野村昭英さんが、北海道のカメムシタケ❼の宿主《しゅくしゅ》について報告をしてくれた（「野幌《のっぽろ》森林公園におけるカメムシタケ寄主について」『冬虫夏草』二四号、二〇〇四年）。

野村さんが二年間かけて調査したところ、一〇種の宿主《しゅくしゅ》が北海道から確認できた（そのうち四種は、僕の報告と重なっている）。また、新たな宿主《しゅくしゅ》として、ツノカメムシ科のヒメツノカメムシとセグロヒメツノカメムシが報告された（これでカメムシタケ❼の宿主《しゅくしゅ》は都合二七種が記録された）。さらに、北海道での優占種《ゆうせんしゅ》は、アシアカカメムシ（調査個体の三七・三％）とセアカツノカメムシ（二一・八％）であることもわかった。

この野村さんの調査結果もふまえて、K温泉にはなぜフトハサミツノカメムシから生えるカメムシタケ❼が多いのかを考えてみたい。

結論はやはり無理

K温泉ではフトハサミツノカメムシが宿主《しゅくしゅ》として優占《ゆうせん》していた。

ハサミツノカメムシ類のオスの尻には、ハサミ状の突起があって、種類によって形が違う。フトハサミツノカメムシは体長一・八センチほど、尻のハサミは名の通り太短い。この種は『日本原色カメムシ図鑑』（友国雅章監修、全国農村教育協会）によると、「バラ科植物に寄生するが、ツノカメムシ類のなかでは非常に少い種である」とある。そんなカメムシが、K温泉ではなぜ一番多くカメムシタケ❼にやられているのだろうか。

ところで宿主《しゅくしゅ》のリストを見ていくと、カメムシタケ❼がいろいろなカメムシに取りつくとは言っても、ある傾向があるように思える。例えば、地上生のツチカメムシ科のカメムシに取りついた例はない。この仲間は決して珍しい種類ではないのだが。

またK温泉と北海道で顕著《けんちょ》だが、ツノカメムシ科のカメムシはカメムシ科のものよりよく取りつかれていると言える。カメムシ科のカメムシもよく取りつかれているものの、日本にはこの仲間は約八〇種いて、リストに上がっているのは一〇種（約一三％）だけ。これに対してツノカメムシ科は二三種中やはり一〇種（約四五％）がリストに上がる。フトハサミツノカメムシはそもそもツノカメムシ類だから、取りつかれる確率が高い可能性は十分にある。そして、こうした傾向があるということは、フトハサミツノカメムシだけ特異的にカメムシタケ❼に取りつかれやすいという可能性も考えられるかも知れない。

ただし、当然、もう一つの要因として、K温泉周辺の森にこのカメムシが特異的に多いという可能性もある。また、珍種のカメムシだとは言っても、そもそも人間の見つけにくさが関わっている可能性だってある。

野村さんの報告にも、カメムシタケ❼調査をしていて、それまでその地域から報告されていなかったカメムシが三種も記録されたとある。カメムシタケ❼は、人には見つけにくいカメムシも分けへだてなく倒すために、見かけ上、珍種の割合が増えるということも考えられる。

残念ながら決め手に欠ける。

でもこの調査を通じて、ここまででわかったことは、カメムシの「普通種」と「珍種」というのは、あくまで人間の目を通して見たものだということだ。カメムシタケ❼からカメムシを見た場合には、また違って見えるに違いない。

生き物屋は、追いかける生き物にどこか似てくるとよく言う。しかし僕は、カメムシタケ❼を追いかけても、結局のところ、カメムシタケ❼の〝気持ち〟はわからなかった（わかったら変か）。

それだけ冬虫夏草は人間とは違う世界に生きている生き物だということだ。

気になって仕方がないこと

カメムシタケ❼の宿主《しゅくしゅ》を追ううち、宿主《しゅくしゅ》となるカメムシに「普通種」と「珍種」があることを知った。そしてある地域では、珍種であるはずのカメムシが、普通にカメムシタケ❼に取りつかれている。「普通」と「稀《まれ》」って何だろう。カメムシタケ❼はK温泉では「超普通」。全国的に見ても「普通種」とされるが、しかし、飯能市《はんのう》では「きわめて稀《まれ》」なのだ。

さらに同じようにカメムシに取りつく冬虫夏草の中にも全国的な「珍種」がある。それがクビオレカメムシタケ❽だ。

「一九五八年、宮城県で小林義雄氏の発見。以後ブナ帯の入山では重点目標に取り上げているが、一九九六年現在まで再採集の機会がない」

清水大典先生の『冬虫夏草図鑑』にはそうある。

一九九七年、山形県で二本目のクビオレカメムシタケ❽がようやく発見された。以後、東北地方を中心にぽつりぽつりと見つかるようになった。K温泉では一九九九年に堀内誠示さんが初めて発見。が、いまだ珍種であることに変わりはない。

クビオレカメムシタケ❽は、うすい黄土色《おうどいろ》の子実体《しじつたい》を持ち、カメムシタケ❼とは一見して違う。僕もK温泉でただ一度だけしかその姿を見ていない。

「こんなことでやっていけるの?」と、クビオレカメムシタケ❽の生活ぶりに首をかしげてしまう。毎年、ある数の増減は見られるにしろ、一定量の発生がなければ絶えてしまうんじゃなかろうか。

「普通」と「稀《まれ》」ってどういうこと？　あらためて気になって仕方がない。

一定の比率のもとで

「普通」と「稀《まれ》」はどう違う。そんなことを考えるのに最初のヒントを与えてくれたのが『きのこと動物』（相良直彦、築地書館）だ。この本の中で、著者は冬虫夏草について、次のような疑問とある仮説を提示している。

「冬虫夏草はとりついた虫の栄養だけで育つのか？　掘りとった冬虫夏草の中には、周囲の土へと菌糸《きんし》を伸ばしているものもある。これはひょっとすると土中の有機物からも、いくぶん栄養を吸収しているあらわれではないか。もしそうなら、冬虫夏草は土中で細々とくらせることになり、胞子《ほうし》だけでなく、菌糸《きんし》の状態でも土壌《どじょう》中で待機できることになる」――と。

冬虫夏草は虫に取りつくキノコ、とばかり思っていた僕は、この文章に出会って少なからず驚いた。本を読みあさるうちに、相良さんのこの考え方が決して突飛《とっぴ》なものでないことがわかってくる。相良さんの考えをより具体例を持って問うているのが、青木さんの『虫を襲うかびの話』だ。

この本には「すべての菌が寄生力と腐生力《ふせい》のいずれか、あるいはその両者をそれぞれある比率で持ち合わせているものと考えられる」という一文がある。

寄生力とは、他の生物（宿主《しゅくしゅ》）に依存して生活をすること、そして腐生力《ふせい》というのは、死体や生命のない有機物から栄養を取って育つ力のことである。

著者の青木さんはさらに言う。「腐生力《ふせい》と寄生力は相反する力だ」と。だから絶対的寄生菌は一〇〇％寄生力を持ち、絶対的腐生菌《ふせい》は一〇〇％腐生力《ふせい》を持つとすると、絶対的寄生菌と絶対的腐生菌《ふせい》の間に様々な比率で寄生力と腐生力《ふせい》を持ち合わせた菌が、グラデュエーションのように存在している……。

青木さんはこんな例を上げている。

ショウユやミソを作る際に活躍するコウジカビ（アスペルギルス・オリゼ）という菌がある。僕らがよく口にする機会のあるカビである。

ところがこのコウジカビが、カイコに寄生し病気を引き起こすことがあるのである。調べてみると、これは飼育状態に問題があることがわかった。すなわち、コウジカビは一般には腐生菌《ふせい》として生きている。ところが人間の飼育下で、カイコが高温多湿な環境で多数飼われると、まずカイコの糞《ふん》や食べかすにコウジカビが発生する。そしてそれがたまたま寄生し、カイコを殺してしまう。普段は悪さをしないとばかり思っていた菌が、思いもかけず牙《きば》をむく――こうした現象を日和見《ひよりみ》感染という。

コウジカビは腐生菌《ふせい》ではあるけれど、先の言い方を借

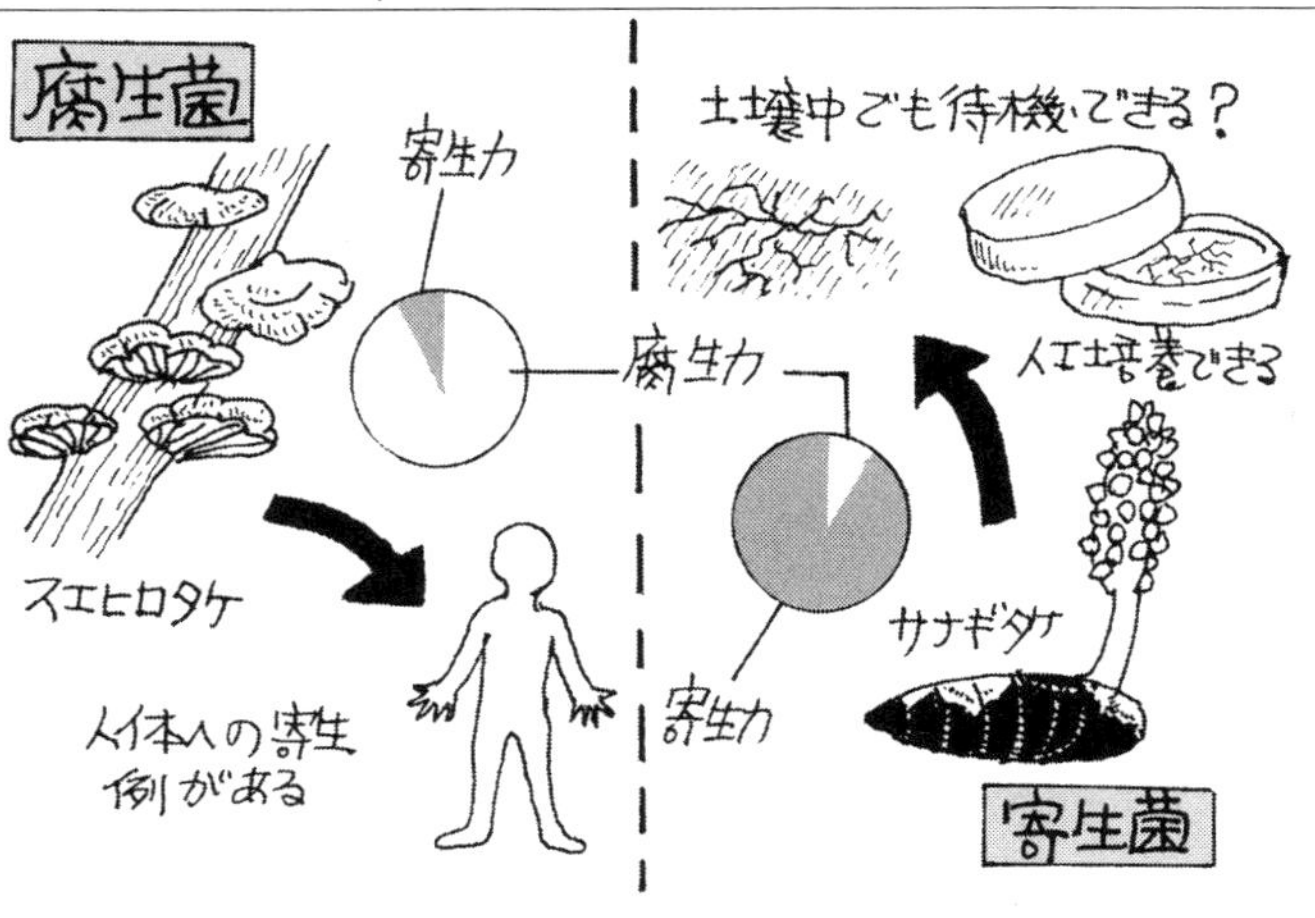

りれば、一〇〇％のうち何％かは寄生力を持っている菌であるのだ。

雑木林などの倒木にごく普通に見かけるスエヒロタケという小さなキノコがある。カサの柄《え》がないため、一見小さなサルノコシカケ類を思わせるキノコだ。この菌も普段は材木を分解する腐生《ふせい》菌なのだけれど、ごく稀《まれ》に人体に取りついた例が報告されている。やはり何％かの寄生力を持ったキノコであるのだ。

かつて僕は、海岸で拾ってきてベランダで干《ほ》していたウミガメの骨から、スエヒロタケが発生したのを見て驚いたことがある。骨というものはもちろん死んでいる。でもスエヒロタケが動物質である骨に生えているのを見て、「生きた人間にだって生えそう」と思ったものだ。

はかり知れない生命力

腐生《ふせい》菌の中にも、何％かの割合で寄生力を持つものがいるなら、寄生菌の中にも同じように腐生《ふせい》力を持ったものがいてもおかしくはない。

青木さんによると、硬化《こうか》病菌のボーベリア・バッシアーナやメタリジウム・アニソプリアエなどは「寄生力と腐生《ふせい》力を適度の比率で持ち合わせているもの」と考えられるという。つまり、虫に取りつかない場合でも、土壌《どじょう》中で周囲の有機物を利用しながら虫を待ち受けることができる……ということになる。

冬虫夏草はどうなのだろう。たびたび引用させてもらっている『ブナ林をはぐくむ菌類』の中に、関連した話が載《の》せられている。

サナギタケ⓱を人工寒天培地《かんてんばいち》で栽培できる、という話だ。人工培地《ばいち》で育てられるということは、生きたサナギがいなくても生きていけるということである。この本の中でも、サナギタケ⓱はひょっとすると土中で菌糸《きんし》状態で待機できるのではないか……と書かれている。

冬虫夏草はごく小さなものなわけだけれど、彼らの胞子《ほうし》や菌糸《きんし》の振る舞いは、さらに見えない世界にある。クビオレカメムシタケ❽などの珍種と呼ばれる種類は、うまく宿主《しゅくしゅ》に取りつくことができるまで、何年も土中で待機しているのかも知れない。はたまた不完全型という、まったく異なった姿の菌となって、それと気づかれずに存在しているのだろうか。冬虫夏草は変幻《へんげん》自在な生き物であり、容易にその正体はわからない。

飯能《はんのう》市でぽつりぽつりとしかカメムシタケ❼が見つからないのも、なぜだろう。見つからない年は、土壌《どじょう》中にさえカメムシタケ❼は存在しないのだろうか。

考えてみると、珍種も、普通種と呼ばれる種類も、等しく僕らには見えない生命の世界を持ち合わせていることがわかる。共に、同じ不思議さに包まれている。

森の〝結晶〟

K温泉は標高五〇〇メートルほどに位置していて、最も多くカメムシタケ❼が見つかるのは温泉場近くの、とある沢沿いの林だ。この林はイヌブナ、イタヤカエデ、クルミ、シデの仲間などが高木層としてあり、低木層にはクスノキ科のアブラチャンが目立つ。カメムシタケ❼が発生のピークを迎える八月中旬には、林床《りんしょう》にはレンゲショウマやフシグロセンノウの花もちらほら見られる。

この林床《りんしょう》のあちこちにカメムシタケ❼が生えているわけだけれど、一様に見つかるというより集中して見つかる所がある。一口で言えば平坦で、あまり草やシダに覆《おお》われていない場所だ。

この沢以外でも、K温泉周辺は、平坦な林床《りんしょう》であれば、必ずしも沢のすぐ近くでなくても、カメムシタケ❼が見られた。半ば植林地となった所や、アカマツがかなり見られる林でも、カメムシタケ❼は見つかった。

標高二〇〇メートルに達しない飯能《はんのう》市とは、植生がずいぶん異なっている。飯能《はんのう》市は、植林地と雑木林がモザイク状に入り組んでいて、その雑木林の主役はクヌギ、コナラだ。植生だけでなく、標高や周囲の山々との関係から気温や降水量にも違いがあろう。

それぞれの自然環境と、そこにすまう虫たち。それに冬虫夏草という菌の生き様が重なって、一本のカメムシタケ❼が誕生する。それは、その森が生みだす〝結晶〟のようなものだ。いや宝石とさえ言えるかも知れない。

原点に帰りたい

「数ある冬虫夏草の中で、目にも鮮やかな色彩と、誰にも分かる知名度と云う点で、カメムシタケ❼ほど魅力に富んだ種は他に見当りません。私の虫草入門も今から七〇年前、三峰山《みつみねさん》中で対面したカメムシタケ❼がそもそものきっかけでした……」

一九九九年八月、八四歳で生涯を閉じた清水大典先生から、亡くなる二年前にそんな手紙をいただいたことがある。

清水先生も、最初は、一本のカメムシタケ❼を前に喜々としていた頃があったのだ——手紙を読みつつ、当り前のことながら、誰にでも〝始まり〟はあるのだなと実感した。

人は折りにふれ自分の原点に立ち戻る。僕にとっても最初の冬虫夏草はカメムシタケ❼だった。そして、もう一つの原点が、それを見つけた屋久島の森。

屋久島の森で、もう一度、宝探しをしてみたい。そう思い始めたのは、ちょうど初めてカメムシタケ❼を見つけてから二〇年目の夏だった。

パート4◉高い所と低い所

屋久島の森

ライターがない。

あちこち探《さぐ》るがない。

テント場の周辺を探して回る。落ちていない。

まだ一泊目だ。この日を入れて、山中で四泊する予定。ライターがなくては御飯も食べられない。しばし考え、一番近い街まで駆け下りることにした。地図上に七〇分と書いてあるコースを四五分で下り、店でライターだけ買って同じコースを駆け上がる。テントに戻った時はすでに真っ暗だった。

全身汗みどろ。恐ろしいほどの汗が、絞ったTシャツからしたたり落ちる。やれやれ、と思ってポケットをひっくり返したら、ライターが出てきた。さっき、あんなに探《さぐ》ったはずなのに……。

無事、夕飯を作り終えたら今度はライトの電球が切れた。これはもうあきらめる。これから先は灯《あかり》なし生活だ。

翌日は雨。目的地に向け出発。

雨具をつけてもむれるだけなので、昨日のまだ汗でぐしょぐしょのTシャツを着て、傘《かさ》をさしつつ登る。休憩《きゅうけい》のたびにTシャツを絞る。昼過ぎ、次のテント場に着いた。

ようやく人心地《ひとごこち》。

ぱらぱらとテントに当る雨音。

ぶーんとスズメバチが飛び去る音。

うーうーとカラスバトも時に鳴く。アオゲラやヤマガラの声も聞こえる。あとは静か。かさかさとテントに這《は》い上がるアリの足音さえ聞こえるほど。オレンジ色のテントを通して、黄色い光が入ってくる。

この天気では何もすることがない。森の一部になったつもりで、ぼーっと過ごす。

六時半には暗くなる。

さっさと夕飯をすませ、寝袋《ねぶくろ》の中に転がる。一度眠っ

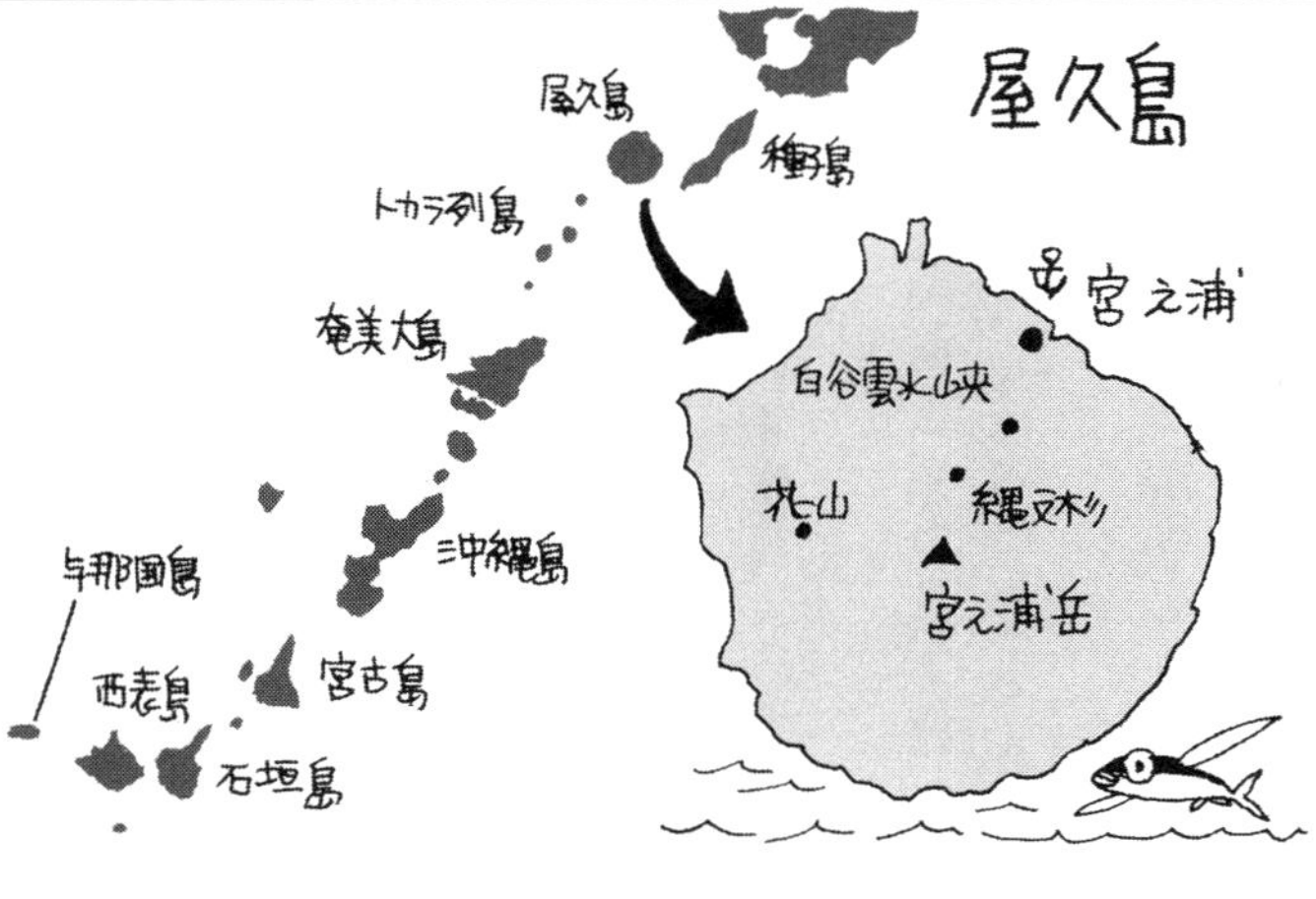

てふと目を覚ますと、まだ八時。目の前で手を振ってもまったく見えない真っ暗闇《くらやみ》だ。こんな暗さの中にいるのはいつ以来だろうか。一度目覚めると、なかなか寝つけない。それでもいつの間にか再び寝入る。

やがて屋久島山中に、再び朝がやって来た。

もう一度出会いたい

飯能市《はんのう》での一五年間の教員生活に一区切りをつけた僕は、沖縄に移住した。生活が大きく変化したこともあって、しばらくは冬虫夏草どころではなかった。それに、僕の住みついたのは沖縄島の那覇市。南の島とはいっても大都会で、近くに冬虫夏草の見つかりそうな森がなかった。そのことも、何となく冬虫夏草を疎遠《そえん》にした。

ようやく〝病気〟がぶり返し始めたのは、移住後三年たった頃だった。そして僕は、その矛先《ほこさき》を屋久島に向けた。

九州から台湾にかけて、たくさんの島々が連なっている。主な島を並べると、北から種子島《たねがしま》、屋久島、トカラ列島、奄美大島、徳之島、沖縄島、宮古島、石垣島、西表島《いりおもてじま》、与那国島《よなぐにじま》となる。そして、この一続きの島々でも、生物相は大きく異なっている。

とりわけ大きな違いを生んでいるのが、トカラ列島の小宝島《こだからじま》と、悪石島《あくせきじま》の間にあるトカラ海峡である。この海峡以北にある屋久島には、本土同様マムシがいる。そして以南の奄美大島や沖縄島などにはハブがすんでいる。

実は、冬虫夏草においても、カメムシタケ❼は屋久島以北でしか見つかっていない。「奄美、沖縄、西表《いりおもて》でカメムシタケ❼を見つけること」――生前、奄美大島や西表島《いりおもてじま》で長年冬虫夏草調査を続けられていた清水大典先生の重点目標の一つが、これらの島々でカメムシタケ❼を見つけることであった。カメムシタケ❼は、これらの島々を飛び越えて、台湾には分布している。日本では現在、屋久島がカメムシタケ❼発生の南限地となっている。そのことを知った時以来、僕はもう一度、屋久島でカメムシタケ❼に出会いたいと思っていた。

再会を果たしたけれど……

朝とともに森も目ざめる。林床《りんしょう》は、木もれ日で、段だら模様に染まっている。逆光の木々は、まだ黒いシルエットだ。幹に生えるコケだけが縁取りのように黄緑色に輝いている。

標高約一〇〇〇メートル。スギの巨木が立ち並ぶ屋久島の森の朝。

昨晩炊《た》いた冷や飯にインスタントみそ汁の朝食をすませ、沢へ水を汲《く》みに行く。屋久島のスギ原生林は樹幹までもコケに覆《おお》われ緑色だ。沢沿いの倒木や石も、すっかりコケむしている。

その沢沿いで足が止まった。脇《わき》の土手のコケの間から、黒い柄《え》が伸び、その先に白い虫ピン状の突起が何本も出ているものが目に入った。

エダウチカメムシタケ❼（d、f）だ。

すぐ近くには、まだ未熟なカメムシタケ❼もあった。結局この日は、それから半日、この沢沿いを這《は》い回る。結果、不完全型であるエダウチカメムシタケ❼（d、f）も含めて、三本のカメムシタケ

❼が見つかった。
二〇年ぶりの屋久島の森は、一部の地域は人でにぎわうようになっていたが、それ以外は以前のままだった。その森にカメムシタケ❼も生えていた。

二〇年前、偶然、一本のカメムシタケ❼を見つけた。今、冬虫夏草屋になった僕は、意識的に探したら、どれくらい見つけることができるだろうか、そんなふうに思っていた。

カメムシタケ❼とは、無事、再会を果たせた。しかし、であった。この時の三週間の屋久島滞在で、僕は、カメムシタケ❼をたった六本しか見つけられなかった。

森の中で途方に暮れる

屋久島の森で、僕は途方に暮れた。

冬虫夏草のよく発生する場所を「坪《つぼ》」と呼ぶことはすでに述べた。僕がそれまで主なフィールドとしていた飯能《はんのう》市では、坪《つぼ》はごく小規模なものだった。そしてそのいずれもが雑木林の沢沿いにあった。湿度を好む冬虫夏草が発生するのに適した場所は、そういう所に限られているからだ。

一方、屋久島は「一ヵ月に雨が三五日降る」と俗に言われる島である。小さな沢なら、島のいたる所に流れている。沢沿いばかりでなく、コケむした林床《りんしょう》はすべて冬虫夏草が発生するのに適しているように見える。つまり、森中すべてが坪《つぼ》に思えてしまうのだ。だからまず、どこから探していいか途方に暮れる。

ここぞ、という林床《りんしょう》を丹念《たんねん》に探してみる。でも、まったくない。逆に、登山道を歩いていると、その道脇《みちわき》にぽつりとカメムシタケ❼が出ていたりする。そんなことの繰り返し。

屋久島には、冬虫夏草の坪《つぼ》がない？　それが三週間、島の森を巡《めぐ》っての感想だった。

屋久島は、原生林的な自然が比較的残っている島だ。そうした原生林的自然では、冬虫夏草にとっての適地はあちこちにある。だからまとまった坪《つぼ》ではなく、ぱらぱらと広く薄く、あちこちに生えるのではないか。そんなことを考えてみた。

坪《つぼ》は、条件のいい所では、様々な種類の冬虫夏草が同時に見つかる。

K温泉の場合でも、カメムシタケ❼に混じって、ハチタケ⓫、アワフキムシタケ❾、ハナサナギタケ㉒、クチキフサノミタケ㉗、コメツキムシタケ㉙、ハスノミクモタケ㊲が見つけられる。このうち、カメムシタケ❼に次いでよく見つかるのがハナサナギタケ㉒だ。K温泉を会場とした虫草祭《ちゅうそうさい》で一日に一〇〇本以上も見つかった年がある。ちなみにカメムシタケ❼が九七〇本も見つかったことは先に述べた。

飯能市《はんのう》でも、ハナサナギタケ㉒はごく普通種だ。一度、一〇メートル四方に四五本ものハナサナギタケ㉒が発生しているのを見たことがある。そんなハナサナギタケ㉒も、屋久島では少なかった。わずか五本しか見つからない。

K温泉で、三番目によく見つかるのはクチキフサノミタケ㉗である。朽《く》ち木の中にいる甲虫類の幼虫から発生したものだ。この冬虫夏草の場合、条件のいい朽《く》ち木があれば、一度に何本も見つけることができる。K温泉では五、六〇本のクチキフサノミタケ㉗が、一日の観察会で見つかっている。

屋久島でも、このクチキフサノミタケ㉗が見つかった。K温泉と同じく、一本の朽《く》ち木から数本まとまって出ている例もあった。期間中、一六本以上のクチキフサノミタケ㉗を確認したが、この種《しゅ》は、スギの原生林より標高の低い、照葉樹林帯のあちらこちらで見られる、という発生状況だった。

木の下で見つけたもの

屋久島の場合、K温泉の坪《つぼ》で見られるのと同じような種類が見られるものの、一定の坪《つぼ》が見つからず、発生はばらばらのように思えた。

　例えばコメツキムシタケ㉙も、K温泉との共通種だ。地中の一・五センチほどのコメツキムシの幼虫から、ごく細い黄土色《おうどいろ》の子実体《しじつたい》が伸びる。その上部に黒褐色《こっかっしょく》の子のう果が粒状についており、はっきりした頭部はない。こんな色と姿から、よほど近寄ってみないと見つけるのは難しい。このコメツキムシタケ㉙も、全部で三本見つけただけ。コメツキムシタケ㉙同士は比較的まとまった場所で見つかったのだが、近くに他の冬虫夏草はなかった。

　一種だけ、K温泉と共通しない種類があった。テント場周辺をぶらぶらしていて偶然見つけたのは、キノコから発生する菌生冬虫夏草㊸である。

　とあるツガの木の下で腰を落とし、何か面白いものでも見つからないかな、と思っていた。ふと目に入ってきたもの、最初はてっきり普通のキノコの子どもだと思った。でも、カサがない。もしやと思って根元を探《さぐ》る。すると、その〝キノコ〟の根元から、土にまみれた〝玉〟が出てきた。

「菌生冬虫夏草㊸だ！」

　登山疲れで半ば眠りかけていた目がぱっちりと見開いた。夕闇《ゆうやみ》が迫るまでの一時、林床《りんしょう》をぐるぐると言《は》いずって、もう一本だけ同じものを見つけることができた。

菌生冬虫夏草（プレート⑯）は、地下生菌という一生を土の中で送るキノコに寄生する冬虫夏草だ。宿主《しゅくしゅ》となるのは、ツチダンゴと呼ばれる、直径一・五センチほどの球状のキノコだ。ツチダンゴの表面は、よく見ると細かなイボでびっしりと覆《おお》われていて、それが特徴である。

このツチダンゴは、木の根と共生関係を結ぶキノコだ。木から光合成《こうごうせい》産物の一部をもらう代わりに、ツチダンゴは土中の養分を菌糸《きんし》で吸い上げ、木に受け渡す。だからツチダンゴは特定の木の下で見つかる。

それは食べても美味しくない？

「土の中に生えるキノコ？　それってトリュフみたいなもん？　食えるの？」

ツチダンゴの話をしていたら、そう聞かれたことがある。

生き物を追っかけていると、「何でこんな生き方をしているの？」と思うことがよくある。冬虫夏草なんて、その最たるものの一つだと思う。そして人もまたしかりで、「何でこんな生き物を追っかけてんの？」と思える人がこの世にはいたりする。

実は、世の中には〝ツチダンゴ屋〟なるものがいるのである。知人のツチダンゴ屋は、山に入る時、身の丈《たけ》ほどもの柄《え》がついたクマデを持って行く。ツチダンゴは地表浅くの土中に埋《う》まっていて、普段は僕らの目には止まらない。彼は、そのクマデで落ち葉をかき分け、地中のツチダンゴを探すのだ。山の中をそんなクマデ片手にうろつく姿なんてかなり奇異だ（孫悟空《そんごくう》の話に出てくる猪八戒《ちょはっかい》を連想してしまう)。

そのツチダンゴ屋氏は、当然、ツチダンゴを熱く語る。例えば、一生土中にいるツチダンゴは、胞子《ほうし》をどうばらまくのか。

「おそらく動物が散布するんでしょう。ポーランドの報告で、イノシシの胃の二〇%にツチダンゴが見つかった、なんていうのを読んだことがあります。あと面白い話では、ヨーロッパではツチダンゴを〝ほれ薬〟として使っていたそうです。メキシコインディアンも食べるんです。幻覚《げんかく》キノコと一緒に食べるという話です。あっちの文献読むと、ツチダンゴに冬虫夏草がついているものが丸ごと市場で売られているらしい。多分、これも食べるんでしょうねぇ。人間も、胞子《ほうし》をばらまくのに一役買っているわけです。ただツチダンゴの表皮はコルク質だから、食べても美味しいもんとちゃうと思いますけどねぇ……」

こんな話がささっと出てくる。

ちなみにトリュフとツチダンゴは、共に子のう菌亜門

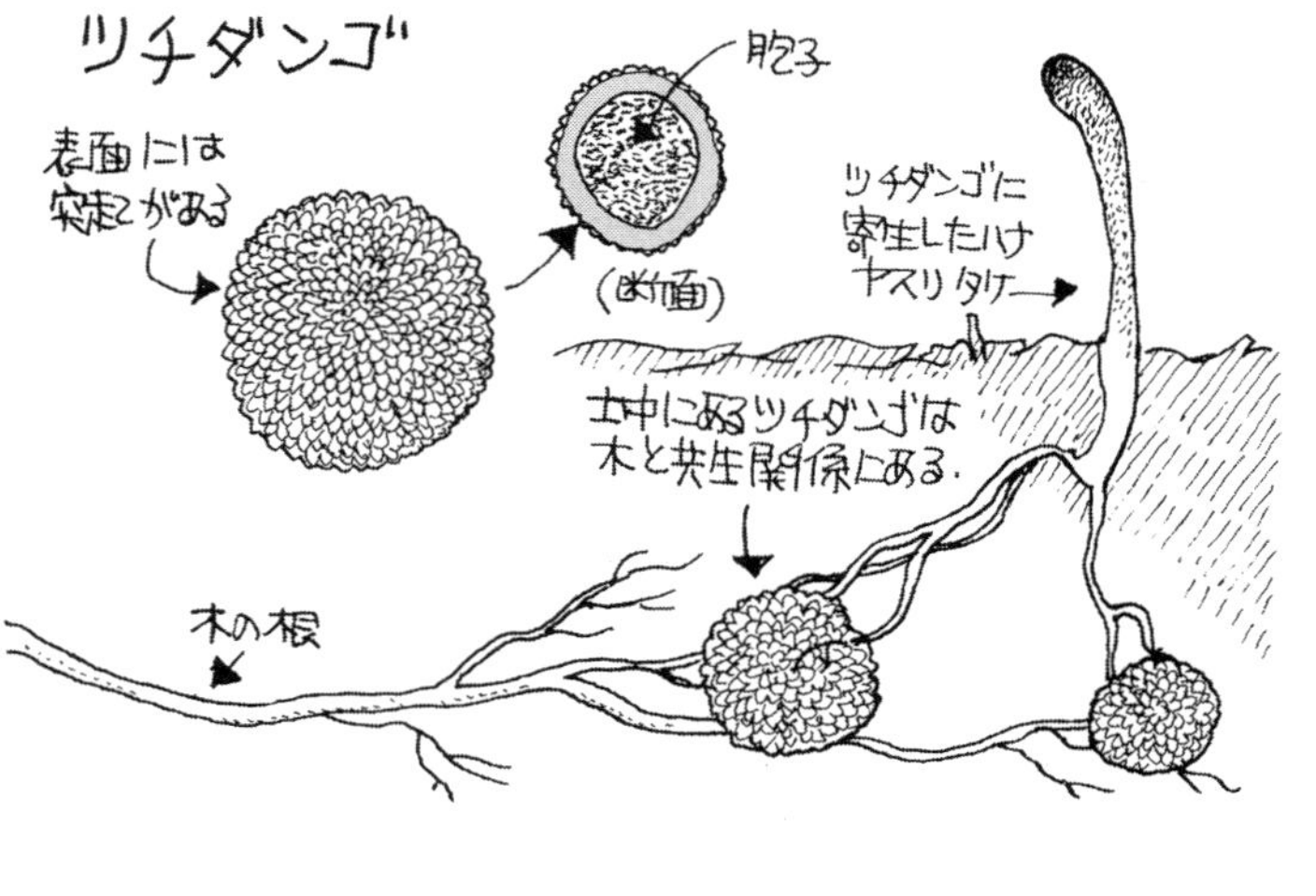

（冬虫夏草もここに含まれる。七八頁参照）に属しているが、前者はカイキン目《もく》セイヨウショウロ科、後者はツチダンゴキン目《もく》ツチダンゴキン科と分類されている。

土の中で一生を送るツチダンゴは、普段僕らの目には止まらない。そのツチダンゴに発生する冬虫夏草にもいろいろ種類があるのだけれど、こうした冬虫夏草が生えて初めてその地下にツチダンゴが生えているのがわかったりするわけだ。

僕の見つけた菌生冬虫夏草㊸は、この時のものは子実体《しじつたい》の長さが四センチほどだった。ツチダンゴから白い太めの柄《え》が伸び、ややふくらんだ頭部はもえぎ色をしている。

これまで、こんな菌生冬虫夏草㊸は見たことがない。ひょっとして新種か？　胸躍らせて、その後もツガの木とみると、片っぱしから根元をのぞいてみたが、もうその姿を見ることはなかった。

謎の菌生冬虫夏草㊸の正体は、自分一人ではわからない。専門家に送って判断を仰ぐしかない。しかし、この冬虫夏草の発見は、予期しない成果だった。

死んでからか？　生きているうちにか？

「山はどうだった？」

サブローさんがそう聞く。

屋久島の玄関口、宮之浦《みやのうら》。島一番の街だが、一歩路地に入れば車の音さえ聞こえない静かさだ。振り向けば、白谷雲水峡《しらたにうんすいきょう》を抱える山々がそびえている。その街の一角にある築一〇〇年を越す古い民家がサブローさんの家だ。

いつまでたってもいたずら小僧のような目の輝きを失わないサブローさんには、屋久島にやって来るたびにお世話になっている。

「今回は冬虫夏草を探そうと思って……。なかなか難しかったですけど。でも、カメムシタケ❼やコメツキムシタケ㉙を見つけましたよ」

僕は森の中で見つけた冬虫夏草を見せながら、サブローさんにそう話した。

「冬虫夏草か。こんなんなんだね。このカメムシタケ❼って、カメムシにいつ取りつくの？　死んでから？　生きてるうち？」

「生きてるうちです。ちょうど夏の今頃、こんなふうにキノコを伸ばして胞子《ほうし》を飛ばすんです。で、その胞子《ほうし》がくっついたカメムシが死んで、翌年またキノコを伸ばすんですよ」

「じゃあ、取りつかれたカメムシって、取りつかれたこと、わかるの？」

「うーん」

生徒もそうだけれど、こういう〝普通の人〟の一言ほど恐いものはない。

「わかるかどうかは、わかんないですね。具合が悪くなっていくっていうのはあるんでしょうけど……」

そんな程度でお茶を濁《にご》すしかない。

「同じカメムシタケ❼でも、緑色のカメムシから生えているのと、茶色のカメムシから生えているのがあるじゃない。つまり、取りつかれたカメムシの種類が違うの？」

脇《わき》で聞いていたヤマシタさんも口をはさむ。ヤマシタさんは宮之浦《みやのうら》の街はずれの、もう山の中と言ってもいい場所に住んでいる写真家だ。一年のうち二〇〇日は山中にいるらしいから、ほとんど森の人でもある。

「ヤマシタさん、いいとこ聞いてくれますね。実は……」

僕は、かつてカメムシ屋のノザワさんの一言をきっかけに調べ出したカメムシタケ❼の宿主《しゅくしゅ》のあれこれについて、かいつまんで説明した。

屋久島のカメムシタケ❼は、どんなカメムシに取りつくのか。むろん、そのことも気になっていたからだ。

高い所と低い所

僕が屋久島の森の中で見つけた六本のカメムシタケ❼の宿主《しゅくしゅ》は、ヤマシタさんの言うように緑のカメムシと茶色のカメムシの二種類だった。緑のチャバネアオカメムシから生えているものが三本、茶色のセアカツノカメムシから生えているものが三本だ（ちなみに不完全型のエダウチカメムシタケ❼〈d・f〉の宿主《しゅくしゅ》はセアカツノカメムシであった）。

カメムシタケ❼の宿主《しゅくしゅ》鑑定に興味を持ち出してから、僕は最初に屋久島で見つけたカメムシタケ❼の標本も取り出して見てみた。このカメムシタケ❼の宿主《しゅくしゅ》もチャバネアオカメムシ。どうやら屋久島では、この二種類のカメムシが宿主《しゅくしゅ》として優占《ゆうせん》しているようだ。

「カメムシタケ❼が、どの高さに出るかも興味があるんです……」

僕はそんな話もした。

僕の見つけたカメムシタケ六本のうち、五本は標高一〇〇〇メートル前後のスギ原生林で見つけたものだ。残り一本は標高五〇〇メートルほどの照葉樹林帯に生えていた。まだわずかな本数しか見つけられていないが、カメムシタケ❼は、屋久島ではより標高の高いスギ原生林帯に多いと思えた。このスギ原生林帯は、本土で言えば落葉広葉樹のブナ帯に当る。

ところでなぜ奄美から西表《いりおもて》にかけての島々でカメムシタケ❼が見つからないのか。僕は、それは気温のせいではないかと予測を立てていた。

すなわち本土でも、埼玉県の飯能《はんのう》市ではカメムシタケ❼をほとんど見ない。カメムシタケ❼が見つかるのは、秩父《ちちぶ》の山中や群馬県の山中にあるK温泉といった、標高の高い、より気温の低い山地帯だ。屋久島でも、おそらく標高の低い照葉樹林帯では、カメムシタケ❼はほとんど発生しないのではないか。もし屋久島で標高の低い所でもカメムシタケ❼が見つかるなら、奄美から西表《いりおもて》にかけての温暖な島々でだってカメムシタケ❼が見つかる可

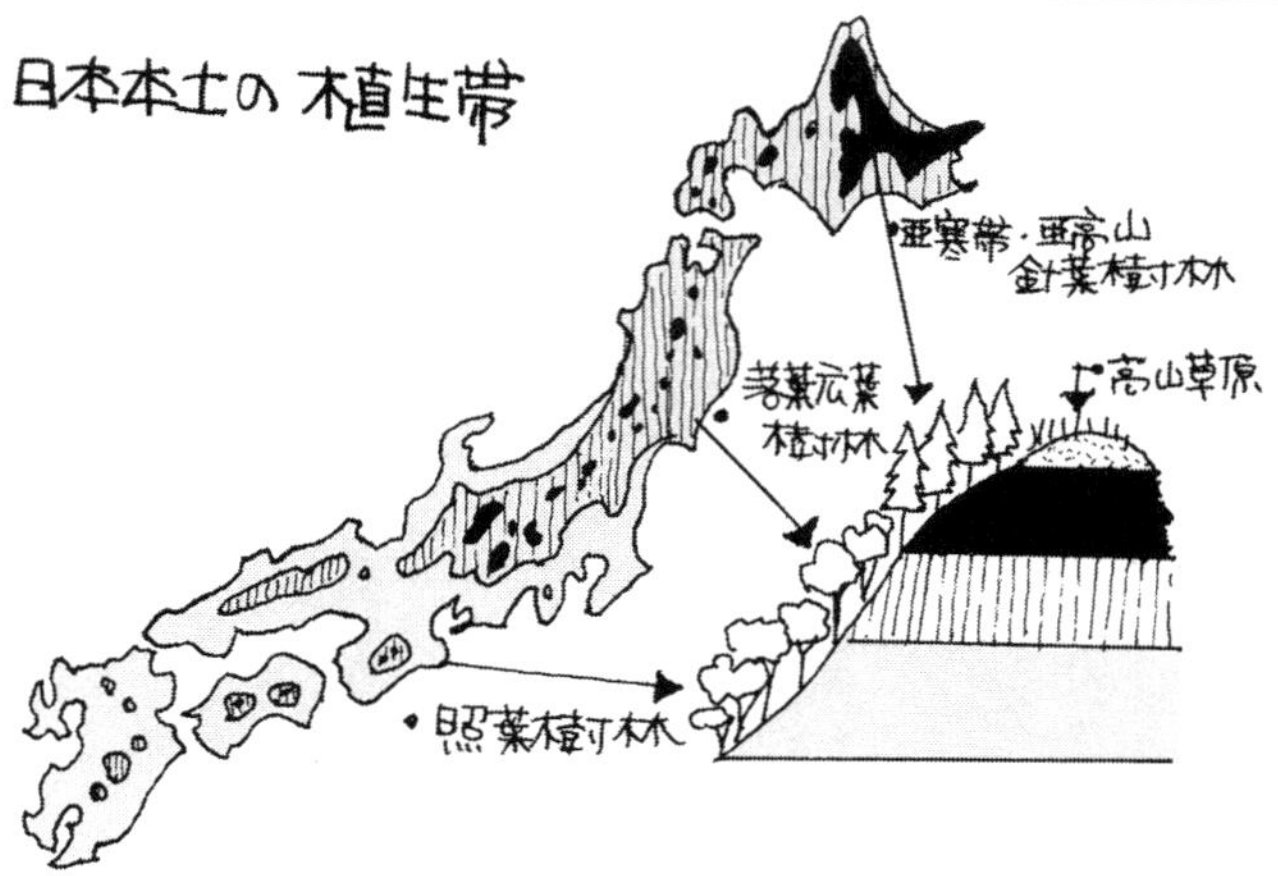

能性はあるだろう。そう思っていた。

結果は予想通りで、標高の低い、すなわちより気温の高い照葉樹林帯では一本のカメムシタケ❼しか見つからなかった。おそらくカメムシタケ❼は、本土で言えば、気温の低い落葉広葉樹林帯（ブナ帯）に適応《てきおう》した冬虫夏草なのだろう。このカメムシタケ❼と同じように、東北のブナ林で大発生が見られるサナギタケ⓱も、やはりカメムシタケ❼同様、奄美から西表《いりおもて》にかけては見つかっていない。

運のいいヤマシタさん

「前々から冬虫夏草は気になっていたんだけどね」

ヤマシタさんがそう言ってしばし沈黙した。丸眼鏡をかけ、口ひげをたくわえたヤマシタさんには、どこかとぼけた風貌《ふうぼう》がある。ゆったりとした雰囲気《ふんいき》で、感心すると「ほっほー」と声を上げるところから、僕はヤマシタさんにフクロウを連想する。

「これまで上ばっかり見ていたから、ほとんど冬虫夏草には気づかなかったなぁ」

笑顔に戻ったヤマシタさんが言葉を続けた。ヤマシタさんは九州本土出身だ。高校時代に初めて屋久島を訪れ、この森の木々にすっかり魅せられてしまう。大学在学中は言うに及ばず、卒業後もアルバイトを続け、お金を貯めては屋久島に通い、森の写真を撮り続けた。やがて島に移住し、五〇歳を越えた今も、年間二〇〇日、森に通い続けている。

そのヤマシタさんが、昨年、偶然に、冬虫夏草と出会ったと言う。

「ある山の登山道に生えてたんだよ。急な登り道でね、木に手をかけて登ろう……としたら、目の高さにあったの。おっ、これそうだなと思った。でもまさか、似てるけどな、とも思って。脇《わき》にあった木切れで掘ってみたわけ。そうしたら、ちょん切れた。根元にセミの幼虫がついていたんだけど、その頭の所で切れちゃって、目ん玉だけがついてきたの。しまったーって。胴体を探したけどない。不思議に見つけられなかった……」

そんな話をしてくれる。

そう、冬虫夏草業界でギロチンを忌《い》むのは、一度切ってしまうと、残りの部分が不思議と見つけられないからなのだ。

それにしても、セミの幼虫から生える冬虫夏草が最初の出会いなんて！……。

宝島で宝を見たか？

最初に屋久島の冬虫夏草について調べたのは、やはり清水大典先生だ。その調査時の回顧談《かいこだん》が『冬虫夏草』（一二号、一九九二年）に掲載《けいさい》されている。

一九五二年、国立科学博物館が屋久島総合学術調査を行った。調査の主軸は屋久島特有の、高山帯の植物調査にあった。屋久島名物の雨にたたられ、思うように調査のはかどらない中、清水先生は、菌類学者で冬虫夏草研究に力を入れていた小林義雄博士とともに探索におもむく。

「鈴川《すずこう》の上流、大滝の林床《りんしょう》で待望のセミタケ新種二個体を発見するが、生憎《あいにく》土砂降りの雷雨の中、全神経を集中し苦心の末、掘り上げに成功する。これが稀種《きしゅ》ヤクシマセミタケ❷誕生の一駒《ひとこま》である」

清水先生が〝稀種《きしゅ》〟と称したのは、一九五二年のこの採集以降、ヤクシマセミタケ❷は絶えて再採集されなかったからだ。

その後一九八九年、奄美大島でヤクシマセミタケ❷は再採集された。さらに一九九一年、東京都八丈島でもヤクシマセミタケ❷が発見される。

清水先生は、弟子たちに「特級掘り士」「一級掘り士」といったランクをつけていた。掘り取り困難な冬虫夏草をギロチンさせることなく掘り取れるか、それが採点基準である。ちなみに僕は三級を自認している（つまり、しょっちゅうギロチンするということ）。

八丈島でヤクシマセミタケ❷を発見したワタナベさんは、「彼が歩く所に冬虫夏草が生えてくる」と言われたくらいの超特級掘り士だった。このワタナベさんの発見以降、八丈島の調査が進み、様々な冬虫夏草が発見されていく。八丈島ではヤクシマセミタケ❷が多産することもわかり、ヤクシマセミタケ❷は〝稀種《きしゅ》〟の座を明け渡すことになった。僕も自由の森学園の教師時代、ワタナベさんに教えてもらって、生徒たちと八丈島でヤクシマセミタケ❷を探したことがある。現在ではさらに、九州本

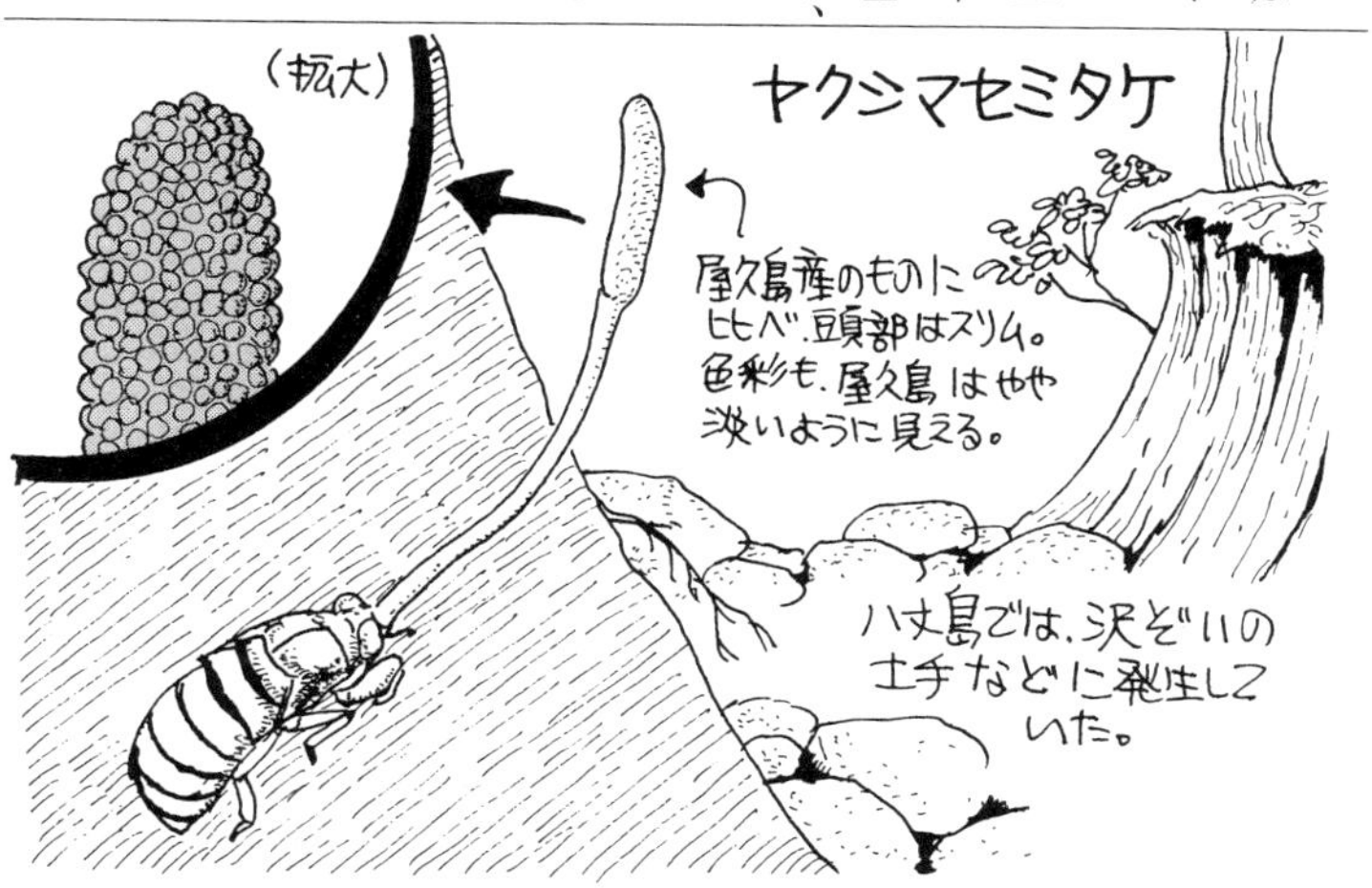

（拡大）
ヤクシマセミタケ
屋久島産のものに比べ.頭部はスリム。色彩も.屋久島はやや淡いように見える。
八丈島では.沢ぞいの土手などに発生していた。

土などでもヤクシマセミタケ❷は見つかるようになった。

ところが、調べてみても、ヤクシマセミタケ❷発見の地である屋久島で、その後ヤクシマセミタケ❷を発見した記録がなかった。そもそも屋久島は、清水先生の探索以来、ほとんど冬虫夏草の調査がなされていない島だったのだ。

ヤマシタさんは、本当にこの幻《まぼろし》の屋久島産ヤクシマセミタケ❷に出会ったのだろうか？

屋久島は、いまだ未開の冬虫夏草の宝島ではないか！　ふと、そのことに気づいて、僕の心は震えた。

病気にかかったヤマシタさん

「実は、今年になって、また冬虫夏草見つけたんですよ。七月にアリタケ⓮を見つけて、その後にカメムシタケ❼も見つけました」

ニコニコしながら、ヤマシタさんが続ける。またまたびっくり。

アリタケ⓮は、それまで僕の見たことのない冬虫夏草だった（K温泉では少ないながらも記録のある種類だ）。たかだか三週間くらいの屋久島歩きでは、とうてい屋久島の冬虫夏草を見切れないことをあらためて知る。それに、季節的な問題もある。冬虫夏草は種類によって発生のピークが違う。この年、僕は仕事の都合で、屋久島に来たのは八月も下旬になってからだった。カメムシタケ❼は首尾よく見つけることができたけれど、冬虫夏草を探すには、これは一般的に言って時期が遅すぎる。

自然相手の追跡は、一シーズンを逃したら一年間待たなくてはならない。僕は、もう来年のことを考え始めた。

カメムシタケ❼に再会したい、漠然《ばくぜん》とそんな思いで屋久島にやって来ていたが、しかしヤマシタさんの話から、新たな目標が定まった。屋久島で、ヤクシマセミタケ❷を再発見してみよう。

ヤマシタさんは、偶然、それと思われるものに出会っている。ただし、この情報だけでは、いつ、どこで見つけられるのか、まだ雲をつかむような話である。この冬虫夏草を追ううちに、また何かいろいろなことが見えてくるかも知れない。僕は、そんな予感にとらわれ始めていた。

一方で、この時、ヤマシタさんがすでに冬虫夏草病に感染していて、いずれ激症を示すようになろうとは、ちっとも気づいていなかった。

好物はキャベツの千切り

これから後、屋久島の冬虫夏草探しの重要なパートナーとなるヤマシタさんについて、もう少し紹介しておこう。
有名な話がある。
屋久島の森は深い。ヤマシタさんは一度森に入ると、可能な限り長く森の中で過ごす。でも持ち上げられる荷は限られるから、どこかを切り詰めなくてはならない。それが毎日の食事だ。
朝食　アメ玉とコーヒー
昼食　ビスケット
夕食　御飯にメザシ二本

こんなメニューだ。この話が一部で有名になったため、ヤマシタさんが森でキャンプをしていたら、テントをのぞかれたことがあるそうだ。「本当にメザシ食ってんですか？」と。悔《くや》しかったので「ステーキ食ってる」と答えたそうだけれど……。

こうしたつつましやかな食生活は何も山に限った話ではないようで、ヤマシタさんに「一番好きな食べ物は？」と聞いたら「キャベツの千切り」という答えが返ってきた。

「本当に好きだよ。一日、半玉は食べるよ。ショウユかけるだけでいい……」

ヤマシタさんはストイックなのだ。

ヤマシタさんの屋久島の写真集を開くと、森に流れる悠久《ゆうきゅう》の時間と静謐《せいひつ》な光があふれていて圧倒される。ストイックな写真家。憧《あこが》れの写真家。

僕には最初、そんなイメージが強くて、なかなかヤマシタさんとはうまく話すことができなかった。ヤマシタさんが冬虫夏草に興味を持たなかったら、ずっとそんな関係が続いていたかも知れない。

思った以上に重病だった

ヤマシタさんが〝発病〟したのを知ったのは、翌年の七月のことだった。

「初めてクモタケ㊵見つけたよー。早く屋久島に来ないと、なくなっちゃうよー」

そんな手紙がヤマシタさんから届いたのだ。

「屋久島でもクモタケ㊵が発生するんだ」

またまたびっくり。僕にとってクモタケ㊵の印象は、都内の公園で見つかる冬虫夏草だったから。

クモタケ㊵が原生林の中に生えている様が想像できない。

夏に屋久島に行くことはすでに予定していた。ただ、当初は前年通り、自分一人で冬虫夏草を探そうと思っていた。ところがヤマシタさんからこんな便りが来たので、意を決してヤマシタさんの家に泊りに行ってもいいか聞くことにした。

返事はあっさりＯＫだった。

それにしても殺生な、と思うことがある。この年も八月初旬まで予定が詰まっている。どうあがいても屋久島入りできるのは八月中旬になってからだ。「早く来い」と言われても、すぐに飛んで行けない我が身がうらめしい。

八月中旬。ようやく屋久島へ。

街はずれの高台に建つヤマシタさんの家に上がって驚いた。机の上に、ぶ厚い冬虫夏草の図鑑が二冊置いてあったからだ。

「東京の古本屋から取り寄せたんだよー」

いつの間に、こんなに病気が進んだのか。

「これ、これ」

にこやかにヤマシタさんが棚《たな》の上を指差す。そこには干《ひ》からびたクモタケ㊵の姿があった。

「不完全型と完全型というのがよくわかんないんだけどねえ……」

「ええとですね……」

にわか冬虫夏草講座の開講となった。

「面白い。写真撮ってるより、面白い」

ヤマシタさんがこうまで言うので笑ってしまう。思った以上に重病だ。

カビを愛する人がいる

「前にね、全体が緑色……そうアオカビ色になったセミが落ちてて、何だカビかと思って拾わなかったけれど、あれ冬虫夏草じゃないよね」

ヤマシタさんが僕に聞く。

セミの成虫に生える緑色のカビ。これは僕の住んでいる沖縄島でもしばしば見かけるものだ。

冬虫夏草屋も、えてしてこうしたカビ状の菌には冷淡なことが多い。「なーんだ、カビか」で終わってしまう。実は僕も最初はそうだった。以前に出した『冬虫夏草を探しに行こう』という本の中にも、僕のこんな偏見はちゃんと出ていて、出版後、こうしたカビ状の昆虫病原菌を扱う研究者から苦情（？）の手紙が寄せられた。しかも二通も。

何が幸いするかわからないもので、僕は世の中にこうしたカビを〝愛している〟人々がいることを知ったし、何よりこれがきっかけで、手紙をくれた研究者と知り合うこともできた。

カビ状の昆虫病原菌の代表にボーベリアという菌があることはすでに述べたが、僕はひそかに彼らをボーベリ屋と呼んでいる。

ボーベリ屋と知り合えたために、「なーんだ、カビか」とこれまで思っていたものでも、僕は機会があれば研究者に送りつけるようになった。肉眼的には皆、同じように見えるが、顕微鏡的に見ると種類が違う。その結果を一つ一つ教えてもらうと、「なーんだ、カビか」とはだんだん思えなくなる。
ボーベリアは、虫の体の節々《ふしぶし》から白い胞子《ほうし》や菌糸《きんし》が吹き出した姿をしていて、子実体《しじつたい》は作らない。ところが、この不完全菌類の一員であるボーベリアの一種を一定の条件で培養《ばいよう》したところ、コガネムシに取りつく完全型の冬虫夏草が発生したという画期的な話はパート2（九一頁）で紹介した。この発見をなしとげたのが島津光明先生だ（先の苦情の手紙二通のうちの一通の主である）。

僕は沖縄に移住した年の夏、セミに発生していた緑色のカビを見つけ島津先生へと発送した。すると、喜びの返信が戻ってきた。そして二年ほどして、忘れかけた頃にこのカビの正体を知らせる手紙が届いた。セミの成虫に寄生する緑色のカビにも何種かあるが、沖縄産のものはノムラエア・オワリエンシスという種類であった――と。

びっくりしたのはこの先。この菌はアマミヤリノホセミタケという、セミの幼虫から発生する実にカッコいい形をした冬虫夏草の不完全型だと言うのだ。完全型と不完全型で姿が違うのは知ってはいたけれど、ここまで違うことがあるなんて……。

「えーっ、そうなの？　ただのカビじゃないんだー。拾えばよかった」

ヤマシタさんも話を聞いて驚いていた。

それは偶然のことだった

「ヤマシタさん、クモタケ㊵は、どうやって見つけたんですか？」

今度は僕がたずねる番だ。

「その時はね、冬虫夏草探しに行ったんじゃなくて花の写真を撮りに行く途中だったんだよ。最初に見つけたのは倒木の下に生えていて、抜いたら根元に袋がついていた。変なのがあるなぁと。冬虫夏草とは違うよなーって思ってたの。それで袋を破ったらクモが見えてね。なんだクモがついてるってびっくりして。この時はクモタケ㊵っていう言葉も知らなかったくらいだよ」

まったくの偶然の産物だったというわけだ。

「それって、スギの原生林の中ですよね。そんな所にもキシノウエトタテグモがすんでるんですね。まったく知りませんでした。僕は、クモタケ㊵っていったら、東京の明治神宮にいっぱい出るっていうイメージしかなかったから」

「えっ？　そんな所にも生えるの？」

今度はヤマシタさんが驚いた。

「知らなかったなー。もっと前に知ってればなぁ。時々上京していた時期があるから、探しに行ったのに」

本当に悔《くや》しそうにヤマシタさんが言う。ほんの一ヵ月前まで、ヤマシタさんはクモタケ㊵の名前さえ知らなかった。それが今や、ぶ厚い冬虫夏草の図鑑が二冊、ヤマシタさんの机の上に鎮座《ちんざ》している。

失ったものを取り戻す感覚

「ヤマシタさん、何でそんなに急に冬虫夏草にはまったんですか？」

「自分でも、はまると思っていなかったけど」

ヤマシタさんが笑う。

「冬虫夏草を探すようになったらね、子どもの頃の感覚がいろいろよみがえってきたよ。僕は昔、昆虫少年だったんだ。ここにはこんな虫がいるというのが、その頃はわかってたでしょ。それと同じ。冬虫夏草を探していると、あそこにはあるんじゃないかとか、だんだん見えてくる。それがすっごく楽しい。森って、いろんなものを隠しているなぁって」

だから冬虫夏草にはまったのは、何か「失ってたものを取り戻したような感覚」と言う。ヤマシタさんは少年時代、親と喧嘩《けんか》するたびに一人で裏山に登って夜を明かしていたらしい。今に至《いた》るもしょっちゅう森の中で過ごしている。それでも、冬虫夏草との出会いはもっと特別なものだったようだ。

「得体《えたい》の知れないものがいる……そんな感覚もあるよね」

僕は大きくうなずいた。冬虫夏草の魅力は、どこか人間にはわかり切れない、異界の住人との出会いのように思えるから。

続くヤマシタさんの言葉に笑ってしまう。

「あいつら、腹一杯食うって生き方じゃないでしょ。そんな生き方にも惹《ひ》かれるなぁ」

ヤマシタさんらしい言葉である。

見た目だけではわからない

翌日。ヤマシタさんと冬虫夏草探索へ。

同行者が二人いた。一人は島で自然ガイドをしているワッシー。真っ白な歯をずらりと並べて豪快《ごうかい》に笑う二〇代の元気な女性だ。もう一人は埼玉県在住のジロウ君。もともとツーリングが趣味だったが、カメラも始め、ここのところ埼玉県と屋久島を頻繁《ひんぱん》に往復している。ワッシーとは大の仲良しだ。この一、二年はヤマシタさんにカメラの弟子入りをしているが、ヤマシタさんによれば「筋《すじ》がいい」とのこと。二人して写真の話をしている時は、とても割り込めない。この時ばかりはヤマシタさんも激しい言葉をばしばし言う。

まず向かったのが、標高六、七〇〇メートルの照葉樹林だ。

僕が屋久島入りする一ヵ月前の七月中旬、ジロウ君が、セミの幼虫から生える冬虫夏草を見つけた所だと言う。これも話だけなので、はたしてヤクシマセミタケ❷かどうかわからない。ただし、ジロウ君も、この発見をきっかけに冬虫夏草に興味を持った。僕がヤマシタ家に着いた日も山に入っていて、さっそくカメムシタケ❼を見つけていた。冬虫夏草を追いかけだして実質一ヵ月しかたっていないのに、なかなかあなどれない青年だ。

〝ジロウポイント〟と名付けた森は、冬虫夏草屋から見るとものすごくいい森に見える。シイなどの大木が繁り、林床《りんしょう》も湿っている。しかし、前年さんざん体験したのと同じく、いい森であってもなかなか冬虫夏草は見つからない。

しばらく林床《りんしょう》を這《は》いずり回って、ようやく一つ目の冬虫夏草を僕が見つけた。朽《く》ち木から突き出たクチキフサノミタケ㉗だ。ただし、まだ未熟なので、頭部の子のう果はできておらず、単に肌色《はだいろ》の一センチほどの柄《え》が、朽《く》ち木から突き出ているだけ。

「これは何に取りつくやつですか?」

そうワッシーが聞く。

「朽《く》ち木の中の甲虫の幼虫だよ」

「見つけるのは難しいなー。でも、がぜん、やる気が出てきた」

ジロウ君が張り切りだす。

午前中かかって、この後、ジロウ君、ヤマシタさん、ワッシーの順でやはりクチキフサノミタケ㉗を見つけた。

「嬉しいなー」

初めて冬虫夏草をものにしたワッシーは、ご満悦《まんえつ》だった。だが、お目当てのヤクシマセミタケ❷は見つからない。他の冬虫夏草では、しなびかけたギベルラタケ㊶を一本見つけるにとどまった。

顔つきがちょっと違うぞ

「もう一ヵ所、セミの幼虫から出ている冬虫夏草を見つけた所があるよ」

ヤマシタさんの突然の発言に「エッ?」となる。そんなにしょっちゅうセミの幼虫から出た冬虫夏草が見つかるものなのか? それこそヤクシマセミタケ❷か?

期待を持って標高八〇〇メートルの森へ。照葉樹とスギの混交林地帯だ。案内された場所は意外なことに沢沿いではなく、尾根だった。アカガシの生えるこの尾根でヤマシタさんはセミ幼虫生の冬虫夏草を見つけたと言う。

ほんまかいな? 半信半疑の気持ちである。

「おっかしいなー。七月に来た時は何本かあったのに。全然ないよ。枯れちゃったのかなぁ」

ヤマシタさんは不思議顔。

うーん。ここで見つかった冬虫夏草の正体は何？　八丈島では八月下旬までヤクシマセミタケ❷を見ることができた。屋久島では、事情が違うというのだろうか。

「あった！」

ここでワッシーが声を上げた。掘り上げてみると、本当にセミの幼虫から生えた冬虫夏草だ。

でも、と、ここで首をかしげる。ヤクシマセミタケ❷と顔つきが違う。

八丈島で何度か見つけたヤクシマセミタケ❷（a）は、ツクツクボウシの幼虫から発生する。幼虫の頭部から柄《え》が伸び、柄《え》よりもややふくれた細長い頭部は、拡大してみるとびっしりと子のう果が敷き詰められたように並んでいる。色は、ややうす紫色がかった黄土色《おうどいろ》だ。

ワッシーが見つけたものだから、あんまり手荒にいじくれないのだけれど、この冬虫夏草はまず子《し》実体《じったい》の形が違う。幼虫から伸びる柄《え》が、とても細いのだ。それに頭部の色も赤紫色がかっている。

ヤクシマセミタケ❷ではないだろう。かといって何という種類か。それが僕にはわからない。

僕がカブトを脱いだわけ

冬虫夏草探索行は続く。

一度山を下りてから、車を走らせ別の山へ。標高一〇〇〇メートルのスギが主体の原生林を目指す。

「七月にクモタケ㊵を見つけた所だよ。クモタケ㊵がいっぱいあって、そこにカメムシタケ❼やセミにつくやつやら、コガネムシの幼虫から出ている黄色いのなどが、いっぱいあった」

こうヤマシタさんが言う。

うのみにできないぞ。それでは冬虫夏草の〝坪《つぼ》〟じゃないか。屋久島に坪《つぼ》なんてあるのか、それが僕の思いだった。

着いた先は、一見、他の場所と何の変わりもない一角だった。スギ林の中に流れる、ごく小さな沢。その沢沿いの斜面に大きなツガの木が生えている。コケむした倒木が横たわっているのも、屋久島ではごく当り前だ。見た限りでは坪《つぼ》っぽくも何ともない。

ところが探し出すと、カメムシタケ❼が次々と見つかった。一〇メートル×一五メートルほどの狭い範囲に、合計七本のカメムシタケ❼が生えていた。これは屋久島では画期的だ（宿主《しゅくしゅ》の内訳《うちわけ》は、チャバネアオカメムシ一、セアカツノカメムシ三、モンキツノカメムシ三だった）。

さらにツガの根元から、前年二本だけ見つけた謎の菌生冬虫夏草㊸が五本見つかった。二・五センチのツチダンゴからニョッキリ生えた子実体《しじつたい》は、前年見つけたものより大きく、長さ九センチほどもあった。

さらにジロウ君が、「コガネムシの幼虫から出ている黄色いやつ」を一本発見。これも一目見ただけでは、僕には何という冬虫夏草か種類がわからなかった。

残念なことにクモタケ㊵やセミ生の冬虫夏草は一本も見つからなかったが、これは時期的なもののようだ。

僕はヤマシタさんにカブトを脱いだ。これは立派な坪《つぼ》だ。まさに〝ヤマシタポイント〟である。

三つのゾーンに分けられる

屋久島にも冬虫夏草がまとまって発生する坪《つぼ》がある。

　これが二度目の屋久島調査でわかったことだ。僕は、それまでの認識をあらためることにした。

　原生的な自然が比較的よく残り、降水量も多い屋久島では、森のどこにでも冬虫夏草が見つかる可能性はある。ただし、その発生は散発的だ。一方で、屋久島の中にも冬虫夏草が集中して発生する坪《つぼ》がある。この坪《つぼ》がどんな条件で決まるのかはわからない。標高一〇〇〇メートルのスギ原生林の坪《つぼ》では、七月頃クモタケ㊵が、そして八月には主にカメムシタケ❼がまとまって見つかり、これに他種の冬虫夏草が混生する。

　標高一〇〇〇メートル以上の、スギを主体とする原生林。

　標高六〇〇～一〇〇〇メートルにかけての、スギと照葉樹の混交林。

　標高六〇〇メートル以下の、照葉樹林。

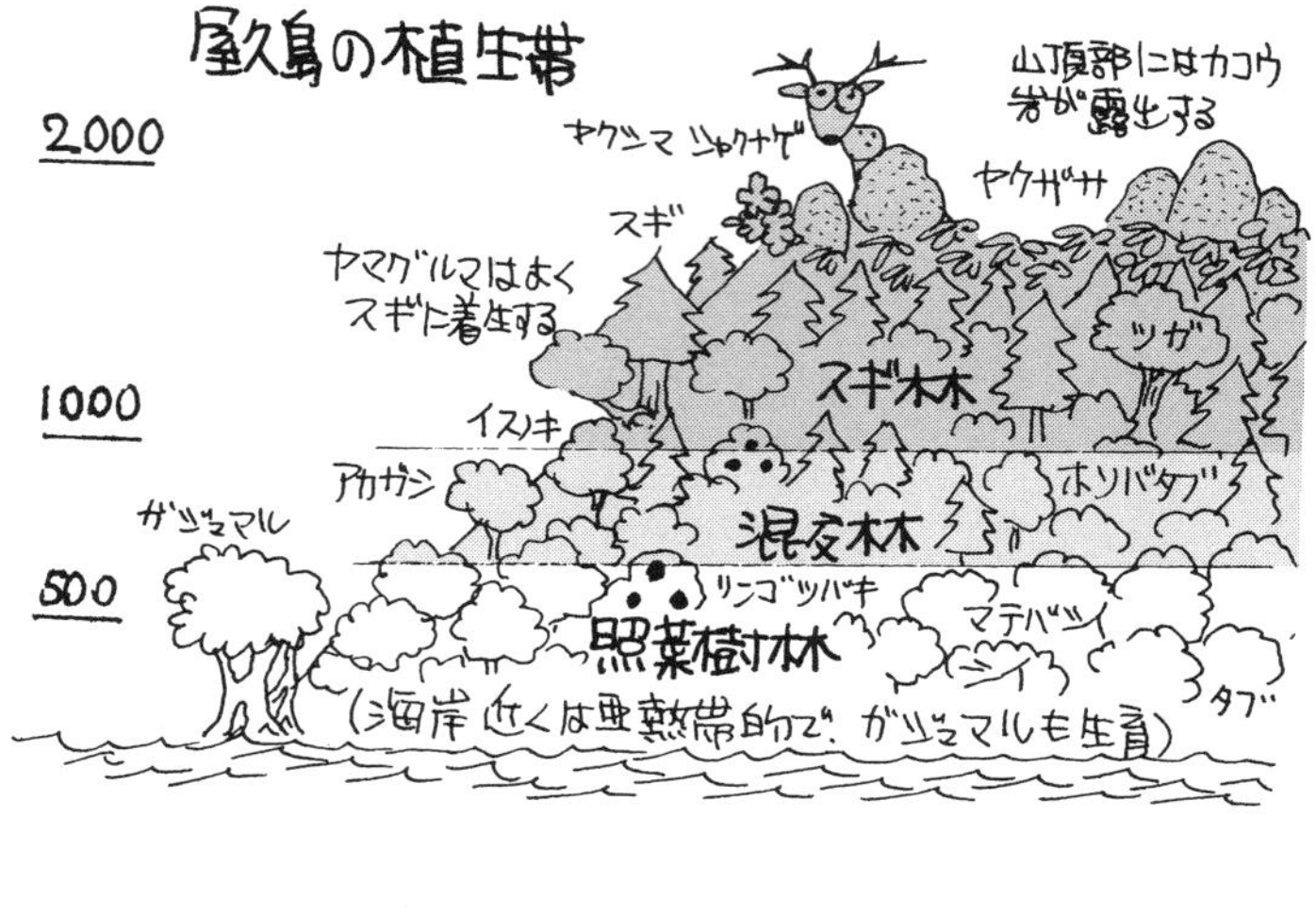

屋久島の冬虫夏草は、この三つのゾーンに分けて見ていく必要があることも徐々に見えてきた。カメムシタケ❼は標高の高いスギ原生林の中で一番よく見られる種類だが、低い照葉樹林内でもたまに見つかる。ヤマシタさんの話では、標高七五メートルの地点での発見もある。

種類不明の菌生冬虫夏草㊸は、スギ原生林内のツガの樹下に特異的に発生する。

コメツキムシタケ㉙はスギ原生林内から混交林にかけて見られる種類だ。

謎のセミ生冬虫夏草は、どうも標高六〇〇～一〇〇〇メートルにかけてのスギと照葉樹の混交林で多く見つかるようだが、今回は発生期のピークを過ぎていたようで、さらに調査が必要だ。

クチキフサノミタケ㉗は照葉樹林に多い。低地の照葉樹林では、他の冬虫夏草をほとんど見つけられない。

クモタケ㊵も発生期が過ぎていたので、結局自分の目で見ることができなかった。データ不足のため、どのゾーンに発生するかという点については保留。

肝心《かんじん》のヤクシマセミタケ❷がいつ、どのゾーンに出るかは依然として謎のまま。一日、低地の照葉樹林を探索したが、その影も形も見つけることはできなかった。

その翌年の武者修行

「屋久島だけ見ていたら、屋久島のことはわからないよ」

ヤマシタさん、サブローさんと同様、屋久島在住の友人の一人ケンシさんのその一言にはっとする。冬虫夏草屋にとっては幻《まぼろし》の宝島、屋久島。僕はただがむしゃらにこの島の「宝の地図」を作ろうとあせっていた。しかし……。

確かにカメムシタケ❼の謎を考える時も、ただK温泉のカメムシタケ❼ばかりを見ているだけでは、わからないことが多かった。二度目の屋久島調査でも、まだ屋久島の冬虫夏草については、おぼろげな輪郭《りんかく》しか見えてこない。まずもって、僕が冬虫夏草のことをまだまだ知らなさ過ぎることがその原因である。

屋久島と並んで原生的自然が残る島に西表島《いりおもてじま》がある。この西表島《いりおもてじま》は、清水先生をリーダーとして、日本冬虫夏草の会が二〇年以上にわたって精力的に調査してきた島だ。

第二八次西表島《いりおもてじま》冬虫夏草調査。

二度目の屋久島調査の翌年六月。僕は武者修行のつもりで、この調査への参加を決めた。

パート5◉武者修行に行って来た

思いっ切り笑われたこと

「えーっ？　一日歩き回って、たった一本？」

汗みどろのTシャツ姿のままレンタサイクルを返しに行った僕は、ミヤゲモノ屋のオッチャンに思いっ切り笑われた。

梅雨明けの七月下旬の西表島《いりおもてじま》。島の東部に位置する大原は、島で二番目に大きな仲間川《なかまがわ》の河口に位置している。

沖縄島に移住したため、埼玉にいた頃よりぐっと西表島《いりおもてじま》が近くなる。埼玉時代、夏休みや春休みに西表島《いりおもてじま》に行くのは、その年一回の僕のビッグイベントだった。それが沖縄島に移住したら、ほとんど週末旅行みたいな気分で西表島《いりおもてじま》に行けるようになった。

モトモリのオッチャンの営む大原にあるミヤゲモノ屋は、鳥の翼《つばさ》やらサメの顎《あご》やらが並ぶミニ博物館的な店だ。埼玉時代から顔を出しているために、僕が生き物好きだということはオッチャンも先刻承知だ。

「今日は、何かいいものあったか?」

朝、自転車を借り受け、夕方返しに行くと、必ずこう聞かれる。

「冬虫夏草って、知ってる? これを見つけたんだよ」

僕はその日、一日がかりの成果を鼻高々でオッチャンの前に差し出した。仲間川《なかまがわ》に注ぐ小さな沢沿いの森の中で、一枚一枚葉っぱの裏をのぞき込みながら、ようやく見つけた貴重品。それは、ハエの成虫に取りつくハエヤドリタケ㉟である。

胸部から、対《つい》になったハスの実型の子実体《しじつたい》が伸び、お尻からも一本、棒状の子実体《しじつたい》が伸びている。とってもキュートな冬虫夏草だと思う。

「こんなちっちゃいキノコを、丸一日かけて探してたの?」

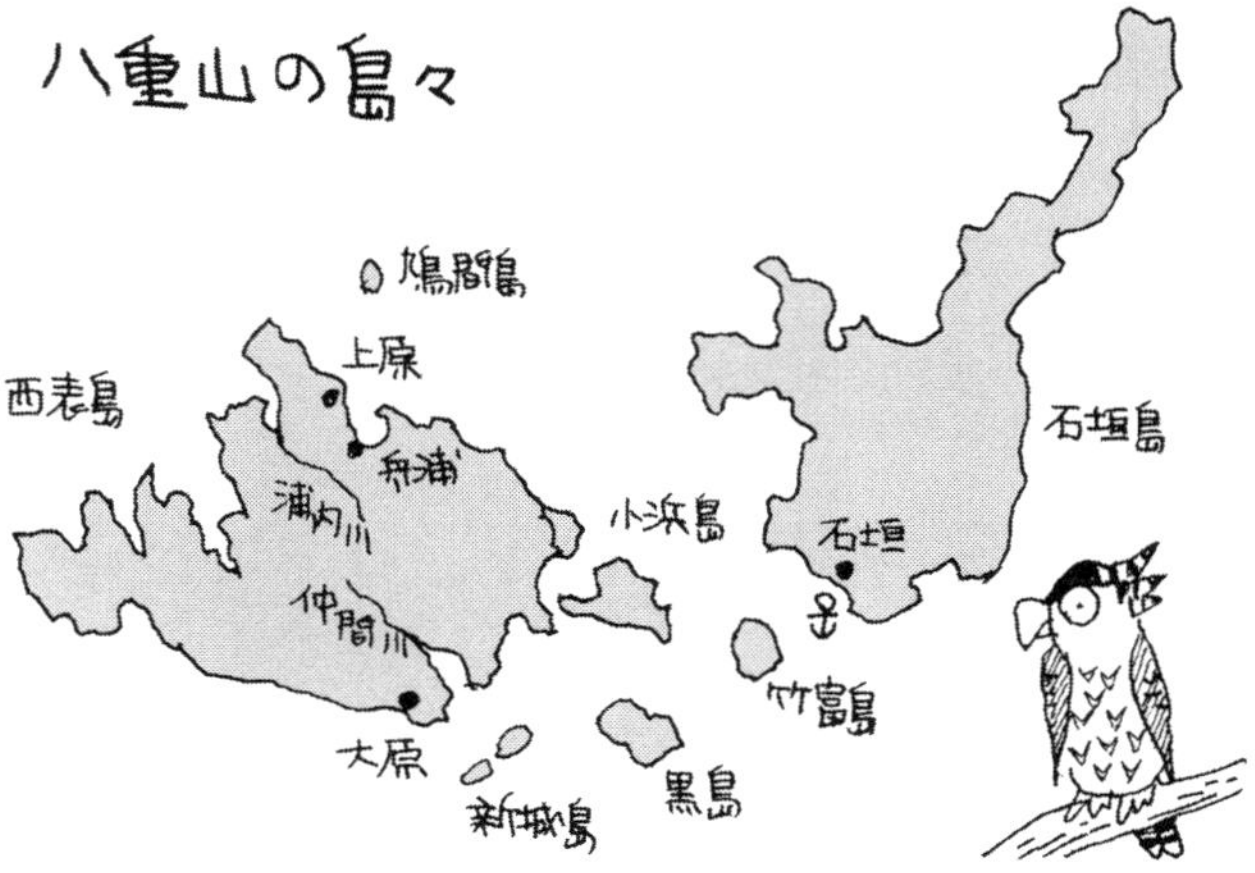

ところがオッチャンには、感心されるどころか、思いっ切り笑われた。悔《くや》しい。「わかっちゃいないなぁ」と思う。しかしその反面、確かにオッチャンの一言も当っている……。

かつて僕は、同じように丸一日かけて冬虫夏草を探し、その成果がやはりたった一本だったことがあり、その時以来、これまで西表島《いりおもてじま》で冬虫夏草を探すのはさっさとあきらめてしまっていた。

武者修行にやって来た

「こんなに早い時期に冬虫夏草が出るのか……」

日本冬虫夏草の会の第二八次 西表島《いりおもてじま》調査日程を聞いて、まずそう思った。沖縄地方が梅雨の最中、六月一〇日から六月一五日までが予定されていた。

多くの冬虫夏草は、七月下旬の梅雨明け頃から発生する——それは飯能《はんのう》市で冬虫夏草を見ていくなかで培《つちか》われた〝常識〟だった。が、所かわればその常識も変えなければならない。それでも半ば「こんな時期に探しに行っても本当に見つかるの?」という思いは、石垣島行きの飛行機上でも消えなかった。

石垣島で船に乗り換え小一時間。船は大原の港に着いた。調査に参加する日本冬虫夏草の会御一行様は、僕を含めて一四人。遠くは北海道からの参加者もいる。僕が西表島《いりおもてじま》に到着した時、すでに一〇名が集合していた。

午後、さっそく小船をチャーターして仲間川《なかまがわ》の上流へ向かう。仲間川《なかまがわ》の河口は、汽水域に生えるマングローブ林だ。川をさかのぼるにつれ、両岸の木々はマングローブから、シイやオキナワウラジロガシなどの山の木々へと移り変わる。

とある岸で上陸。

「ここは、ハエヤドリタケ㉟のポイントです」

カイツさんが説明をする。

本流に流れ込む小さな沢は、今は水が流れていない涸《か》れ沢だった。その小さな沢には、人の背丈《せたけ》ほどにも繁る大型のシダ、リュウビンタイが沢を覆《おお》い尽《つ》くさんばかりに群生している。このリュウビンタイの葉裏をチェックしていくと、ハエヤドリタケ㉟が見つかる。

「ハエヤドリタケ㉟なら、前に見つけたことがあるぞ……」

かつて一日かけてたった一本だったとはいえ、とにかく一度でも自分の目で見たことがあるかどうかは重要だ。林内は蒸《む》すことはなはだしい。たちまち汗まみれになる。ひたすらシダの葉っぱをめくる。と、あった。ひょっこり、一本のハエヤドリタケ㉟がついていた。

ところがである。このあといくら葉っぱをめくっても、二本目はついぞ出なかった。いや、三時間ほどもかけて、一一人がひっきりなしに葉っぱをめくり、かがんでのぞき込みを続けても、結局、この一本しか見つからなかったのである。

怪しい人々の叫び声

ところでかなり〝変な集団〟ではある。

「モリグチさん……こっち、これゴキブリかなぁ」

カイツさんがそう僕を呼ぶ。カイツさんは福島の漢方薬店の主だ。長年、冬虫夏草の会の事務局長を務め、一癖《ひとくせ》も二癖《ふたくせ》もある虫草屋たちをまとめてきたキーパーソンである（一番のくせ者が先代会長の清水先生であったわけだが）。

「これは、コマダラゴキブリですけど？」

草の葉の上に止まっているゴキブリを見て、そう僕は言った。何でもカイツさんは、知人の虫屋に西表島《いりおもてじま》のゴキブリを採ってきてくれと頼まれたらしい。とにかく頼まれごとには嫌《いや》と言わない人なのだ。事情を聞いて、僕がゴキブリを捕まえてカイツさんに手渡した。

お目当てのハエヤドリタケ㉟は一本しか見つからなかったが、この怪《あや》しい人々の集団は、森の中で次々に〝変なもの〟を見つけては喜んでいる。

参加者の中に、一人、年輩の女性がいた。見た目はごく普通の人。

「これは多分ギベルラね。追培養《ついばいよう》必要そうね。見つかるの、みんな不完全型ばかりだわ」

この女性、森の中で、葉裏についているかびたクモの死体をのぞき込み、そうつぶやいている。

「後で胞子《ほうし》を見るのが楽しみだわ、フフッ……」

青いキノコを手に取ったかと思うと、そんなことも言う。やはり、ただものではなかった。実は彼女は旦那さん共々、キノコを研究しているハイアマチュア（研究職にはついていないが、高度な研究をしたり、高い知識を持つ人のこと）なのだ。旦那さんは五ヵ国語を操《あやつ》ると噂に聞く。

「虫ピン状の分生子柄《ぶんせいしへい》が見える。ギベルラ・プリクラだ」

旦那さんであるミムラさんも、ルーペ片手にこんなほとんど暗号のような言葉を発していた。

「あった。またあった！」

ひときわ声高く叫んでいる三〇代の男性。

「あっ、トルビエラだ、トルビエラ」

この人の叫びも、一般の人にはまったく意味がわからないだろう。面白そうなので、近寄って話を聞いてみることにした。製薬会社の研究員をしている彼の専門は、カビ状の昆虫病原菌。つまり彼はボーベリ屋だったのだ。

菌に取りつかれたらどうなるか

「これアスケルソニアです。これも昆虫に寄生する菌です。小さなアブラムシやカイガラムシにつくんです」

ボーベリ屋のマサキさんが、一枚の木の葉を僕に手渡して、そう言う。

「はっ？」

よくわからない。しげしげと見ると、葉裏にオレンジ色がかった小さな突起がついている。ほとんどニキビ。大きさ二ミリのこんなものが寄生菌か？　どうも話を聞くと、不完全菌の一種で、虫の体をすっぽり菌糸《きんし》で覆《おお》ってしまうものらしい。

「これだって、冬虫夏草と同じ寄生菌ですよ。区別する必要なんて、ないじゃないですか」

ハイテンションなマサキさん、アスケルソニアにちっとも感心しない僕にそう言った。冬虫夏草と同じと言われてもなぁ……と正直思う。

「僕、アマゾンに行ったことがあるんですよ。あそこに砂毛《さもう》という病気があるの知ってますか」

この日の夕食時、マサキさんがこんな話をし始めた。

「サモウ？」

「そうです。アマゾンの皮膚病の一つです。髪の毛に菌が寄生すると、髪の毛がじゃりじゃりするんです。それで砂毛《さもう》。子のう菌の一種なんですよ。見たかったけど、かかっている人に会えなかった……」

およそ食事中の話題ではない。

「ミズムシ菌にオス・メスがあるのを知ってますか。で、どっちか一方が強いっていうの」

脇《わき》で聞いていたムロイさんが今度はこう切り出した。ムロイさんは、猪八戒《ちょはっかい》を連想させる例のツチダンゴ屋だ。

「オス・メスで一方が強い？」

「うん。本当はね、菌にはオス・メスはなくてプラスとマイナス。そのプラスとマイナスで、人間の皮膚の上で見つかる割合が違うんですよ。九対一の割だそうです。人間に例えると、どっちがオスでどっちがメスなんでしょうねぇ」

一日中、こんな会話が飛び交う。

冬虫夏草を追っているはずだけれど、われわれは皆、何らかの菌に取りつかれているのではなかろうか。

戸惑っていた清水先生

調査二日目。

西表島《いりおもてじま》は東部の中心地大原から、西部の中心地上原の先、白浜まで、海岸沿いに島を半周する道路がつけられている。

その道路を車でしばらく上原方面に向かう。途中の川で車を降り、徒歩で川沿いを上流へ。数十分ほどで、一ヵ所目のポイントへ。オキナワウラジロガシ、モクタチバナ、ヤシ科のクロツグなどの生える森だ。湿地を好むサガリバナも多く、かなり湿気《しけ》った林床《りんしょう》である。この場所は、以前の調査で見つかった坪《つぼ》の一つであるとのこと。

「うーん」と思う。

途中に通り過ごしてきた森と、どこが違うのかわからない。「屋久島と同じだ」とも思う。どこにでも冬虫夏草が生えていそうに見えるのだ。

しかし、四五分かけての探索で、ただの一本も冬虫夏草は見つからなかった。坪《つぼ》とは言っても、年によってまったく発生しないこともあるようだ。本当に難しい。それにしても、どうやって清水先生は西表島《いりおもてじま》で坪《つぼ》を見つけていったのだろう?

調査に当って、カイツさんがいくつかの資料を用意し、配ってくれていた。その中に清水先生の第一次西表島《いりおもてじま》調査について書かれた文章があった。

「くぼ地や沢沿いに絶好の多湿環境が現れ、そのつど重い荷物をおろし、ここぞとばかり冬虫夏草の探索に集中する。珍品は別としてこれだけの条件がそろえば、なにか発生をみてもよいはず。それがなにもない」(「冬虫夏草の宝庫——西表島《いりおもてじま》」『科学朝日』一九七一年一一月)

清水先生も最初は戸惑ったのだ。それにめげずに、片っぱしからよさそうな場所を見ていき、坪《つぼ》を見つけ出したのだろう。

南の島の冬虫夏草は、とても手強い。しかし冬虫夏草探しに近道はない。とにかく歩き回って坪《つぼ》を探し、もし坪《つぼ》が見つかったら、それを定期的に調査し続けること。

今は亡き清水先生にそう言われている気がした。

地面の〝読み方〟

最初のポイントから、さらに林内を歩くこと小一時間。小川を渡るとほとんど道なき状態となる。よくもまぁ、こんな所を見つけたものだ。そう思えるのが二ヵ所目のポイントだった。小川沿いの森は、これまた一見他の森とどう違うのかわからない。一ヵ所目に比べて、下生えのやや密生している、ゆるやかな斜面だ。

「クロッグの周囲でよく見つかります」

カイツさんのワンポイントアドバイス。

ヤシ科のクロッグは、ココヤシと違って高い幹を伸ばさない。せいぜい背丈《せたけ》ほどの幹が何本かまとまって生え、そこから葉を伸ばしている。林内にはシダなどの草本が生えているが、クロッグの株の下は暗いためか、地面がむき出しになっていることが多い。こうした草で覆《おお》われていない所に冬虫夏草が生えるのは、K温泉と同じ。坪《つぼ》の中のさらにミクロな坪《つぼ》とも言える。

第二ポイントの坪《つぼ》は、せいぜい二〇メートル×四〇メートルほどの広さだ。ここに各自が散らばり地面を〝読む〟。

しばし静かな時が流れた。

第一発見者は、何度も西表島《いりおもてじま》調査にやって来ているカイツさん。リュウビンタイの根際《ねぎわ》にしゃがんでいる。

「これ……？」

カイツさんの指差す所を見て、うーんと思う。色が地

味で目立たない。大きさも小さい。それと知らなければ、まず目に入らない代物《しろもの》だ。

これがヤエヤマコメツキムシタケ㉛。地中のコメツキムシの幼虫から生える冬虫夏草である。清水先生の第一次調査時に新種として発見された由緒《ゆいしょ》正しい種類である。

ギロチンの恐怖

「よし、見つけるぞ」

カイツさんの発見で、がぜんやる気がみなぎってくる。少なくともこの森にヤエヤマコメツキムシタケ㉛が生えていることは確実だ。

よさそうなクロツグの繁みが目に入る。ありそうだ。なめるように地面を見ていくと、冬虫夏草らしきものが見つかった。

ところが、僕は頭に血が上ったらしい。手が勝手に動いてしまう。ふと気がつくと、手の中に、虫からちょん切れた子実体《しじつたい》だけが残っていた。

うす黄色の頭部に、子のう果の粒々がついている。白っぽい柄《え》は地下深くまで伸びていたようで、手元にある部分だけで四八ミリあった。僕の初めて見る冬虫夏草だ。ひょっとして珍種か? それをギロチンしてしまった。

ブルーな気持ちがじわじわと体全体を包む。

「いっそ、土の中に埋《う》めてしまおうか……」

この失敗を、なかったことにしてしまいたい。そんなささやきが、胸の内から聞こえてくる。いかん、いかん。たとえ恥ずかしい失敗だったとしても、この冬虫夏草の存在を消してしまうのは、この森に対して失礼である。

その後、ハナサナギタケ㉒やヤエヤマコメツキムシタケ㉛を見つけたが、どこかうわの空だ。カイツさんを見つけ出して、白状することにした。

「あれっ!」……カイツさんは笑って言った。

「これはセミにつくやつだね。ウスキタンポセミタケだね」

ほっ。とりあえず新種候補なんかじゃなくて本当によかった。

そのカイツさん、セミタケの仲間と格闘中だった。

本格的な正しい掘り方

地上に顔を出す、紫がかった肌色《はだいろ》の棒状の子実体《しじつたい》。長さは三センチほどだ。その脇《わき》にスコップで大きめの穴を掘る。この時、植木バサミで地下に張り巡《めぐ》らされている木の根を切りながら掘る必要がある。穴が掘れたら、穴の

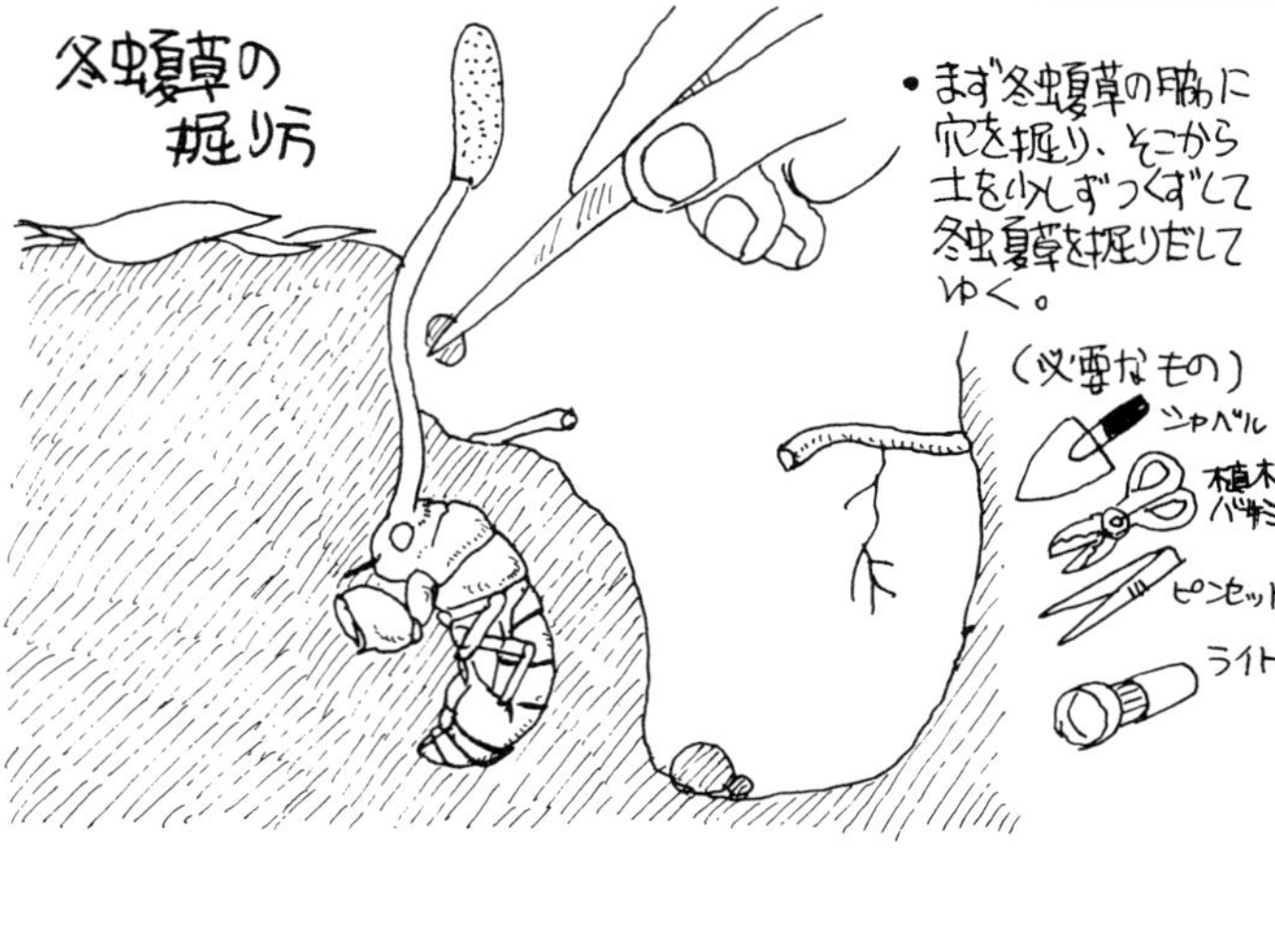

壁面の土をピンセットで少しずつ崩《くず》していく。こうやって、地下に伸びる子実体《しじつたい》の柄《え》を徐々にあらわにしていくのだ。さらに地下深くまで柄《え》が伸びているようなら、もう一度、脇《わき》に掘った穴を深く掘り下げていく。

そうか、こうやって掘るのか、と勉強。

飯能市《はんのう》では、セミの幼虫から発生する冬虫夏草といえばツクツクボウシタケ❹しか見つけていなかった。鎌倉で見つけられるセミタケ❶同様、地下それほど深くまで柄《え》が伸びていない種類だ。ウスキタンポセミタケもそうだが、カイツさんが格闘中のアマミセミタケも、地下深くまで柄《え》を伸ばす種類だ。こうした本格的な冬虫夏草掘りを見るのは、僕にとって初めてのことである。

「この辺り、どうやらいっぱい生えているよ」

オキナワウラジロガシの巨木の生えるゆるい斜面を前にして、一時掘る手を休めて、カイツさんがそう言った。ようやくウスキタンポセミタケのギロチン後遺症から立ち直った僕は、さっそく周囲を見渡した。

不思議なことに、この時、数メートル先に、アマミセミタケの頭部が、キラリと光ったかのように、はっきりと見えた。

カイツさんのやり方を真似て慎重に掘る。が、太い根をハサミで切ろうとした時、アマミセミタケがゆれた。やばい。

いやな予感が当って、根が動いた拍子《ひょうし》にアマミセミタケはギロチンしていた。

何てことだろう。僕はつくづく冬虫夏草屋として最低のギロチン男だ。しおしおとカイツさんの元へと報告に。
「あっ、切れた！」
何とその時、一級掘り士と言われているカイツさんが、叫んだのだった。冬虫夏草は、見つけた後も、本当に大変なのだ。
この日、一行が二ヵ所目の坪《つぼ》で見つけた冬虫夏草は次のようになる（ギロチンを含む）。
ヤエヤマコメツキムシタケ㉛　一八本
ハナサナギタケ㉒　二本
アマミセミタケ　三本
ウスキタンポセミタケ　一本

ゴキタケ男がやって来た

この日の夕方、宿に新メンバーが合流した。宮崎県立博物館のクロキさんだ。

部屋に入るなり、クロキさんはそそくさとバッグの中をまさぐり、ミニアルバムを取り出し手渡してくれた。写真はすべて冬虫夏草。それもゴキブリから生える冬虫夏草の写真ばかりだ。

「去年はたくさん出たんですよ。七個体も見つかったんです。あれ、六月が発生のピークだということもわかってきました。七月や八月に探しても、もう遅いんです」

写真には、ゴキブリからにょっきりと突き出た白いキノコの姿が収まっている。

「すごいですねぇ」

アイドルのブロマイドでも、こうは目を輝かせて見やしない。現在、仮にヒュウガゴキブリタケ㊱と名付けられているこの冬虫夏草は、学界への発表を準備中の新種候補だ。ヒュウガゴキブリタケ㊱は、一九九九年に初めて宮崎山中で発見された。

ゴキブリから発生する冬虫夏草はきわめて珍しい。海外でも、一九二四年にセイロン島で見つかっているくらいだ。

ヒュウガゴキブリタケ㊱は、宮崎県の二ヵ所の森で見つかっていて、発生数も多いものではない。取りつくゴキブリは、朽《く》ち木をすみかとしているエサキクチキゴキブリという体長三センチほどのゴキブリだ。クロキさんは、このヒュウガゴキブリタケ㊱の発見の当初から関わる、ゴキタケの第一人者である（新種発表の研究はウチヤマさんという菌の研究者が担《にな》っている）。

「いやー、だいぶゴキタケの出る雰囲気《ふんいき》がわかるようになりましたよ。でもねー、僕はゴキタケ以外の虫草、ほとんど見たことないんですけど」

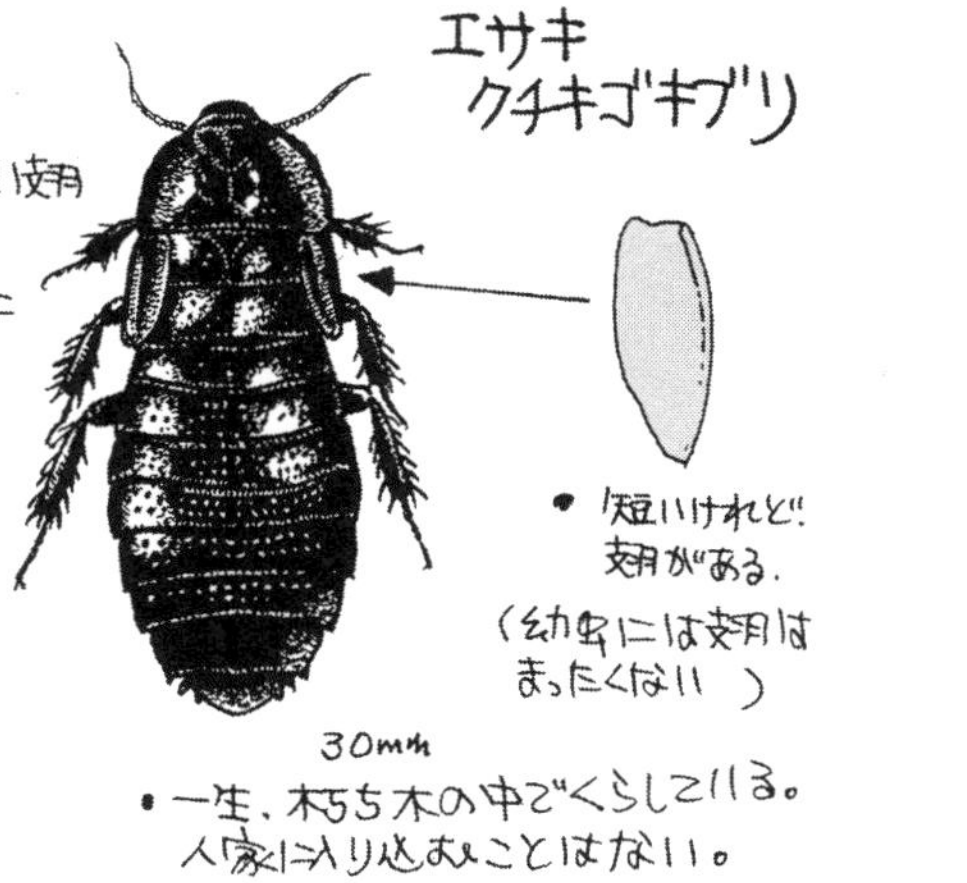
・成虫でも短い翅
しか持たない
九州〜屋久島に
かけて分布
・短いけれど！
（幼虫には翅は

・一生、朽ち木の中でくらしている。
人家に入り込むことはない。

「それって、ある意味ですごい話ですよ」

冬虫夏草屋の中でも、ヒュウガゴキブリタケ㊱の実物と接したことのある人は数が少ないのだから。

「いやいや、ゴキタケは目立ちますもん。慣れれば探せますって。ゴキタケは掘るのも簡単ですよ。絶対ギロチンしません。今回は、ぜひゴキタケ以外の虫草見つけたいなぁ」

新たな怪人、ゴキタケ男の出現だった。

この本には、このクロキさんの協力もあって、清水先生の図鑑にも載《の》っていないヒュウガゴキブリタケ㊱のカラー図版があるのが著者としての誇りだ。

ゴキブリは食えるか？

さて前夜の食卓の話題は砂毛《さもう》に水虫。この夜はヒュウガゴキブリタケ㊱の写真が回覧される（本当に食卓の話題じゃないよなぁ）。

「すごいっすね。この写真見れて、今日生きててよかったと思いますもん」

熱血ボーベリ屋のマサキさんも感激している。

「ゴキブリに菌を接種させたいなぁ」

そんなことまで言う。

「菌の培養《ばいよう》とか接種とか言うけど、実際にはどういうふうにやるものなんですか？」

「培養《ばいよう》の場合はね、胞子《ほうし》を培地《ばいち》に射出させるんです。培地《ばいち》の入ったシャーレの蓋《ふた》に、子実体《しじつたい》の一部を切り取って張りつけておくと、自然に培地《ばいち》に胞子《ほうし》がまかれるんです。培地《ばいち》には普通の寒天培地《かんてんばいち》を使います。うまくいくと、二ヵ月ぐらいで菌糸《きんし》が形を作り出すんです」

パート3で少しふれたように、こうした人工培地《ばいち》で培養《ばいよう》できる菌は、そこから栄養を取って育つことができるという意味で、多少なりとも腐生《ふせい》的な力を持った菌ということだろう。

「接種の場合は、虫の体に胞子《ほうし》の入った液を注射したりする場合もありますよ」

ヒッヒッヒと笑いながらゴキブリに注射をしている男の図、なんていうものを僕は頭に思い描いてしまった。こんなマサキさん、苦手な生き物ってあるのだろうか？　そう思って聞いてみる。

「カビは好きですけど、ガは嫌い。でっかいのがばさばさ来たら、おっかないじゃないですか。カビが生えてたらいいけど」

カビが生えてたらいいんだ……。「冬虫夏草にキノコが生えてなきゃいいのに」と、まるで逆のことを言っていた生徒を思い出す。

では、ゴキタケ男のクロキさんは？

「これ言っていいのかなぁ。実は、ゴキブリが駄目。家に出るやつが大嫌いなんです。嫌《いや》なことがあったんすよ。シチューを食べていたら、うぇっ、変な味、薬品くさいな……と。で、口から出したらゴキが俺の顔を見つめてたんです。それから駄目になりました」

家ゴキは、食べると薬品くさい――。勉強になった。家屋内に出没するクロゴキブリやワモンゴキブリは、独得のにおいがする。これは抗菌《こうきん》物質を分泌しているためである。ゴキブリから発生する冬虫夏草やカビが数少ないのは、ゴキブリがこうした防御手段を持ち合わせているためではないかと思う。ただ、ゴキブリにも種類があって、ヒュウガゴキブリタケ㊱の宿主《しゅくしゅ》となるエサキクチキゴキブリや、その仲間のオオゴキブリからは、こんなにおいは感じない。

「オオゴキブリを食べたことがありますけど、とりたててまずくはなかったですよ」

僕がそう言うと、「ゴキブリは、絶対に食えないなぁ」とマサキさんが横から言った。

「お座敷」を作るとは

夕食後はビデオの上映会となる。

僕らが泊っている民宿は、冬虫夏草の会の定宿だ。この日、宿の主が「こんなものがある」と言って古いビデオを取り出してきた。むろん劇映画とかではなくて、冬虫夏草のビデオである。二六年前に撮影された、清水先生の西表島《いりおもてじま》調査の映像だ。この時、先生は島に一人で訪れ調査された。その姿を主が同行し、撮影した。

麦藁《むぎわら》帽子。長袖《ながそで》にチョッキ。肩掛け鞄《かばん》に白い長靴。そんな出で立ちの小柄《こがら》な先生が、杖《つえ》を持って森の中をさっさと歩く。在りし日の先生の姿には、一種独得の風格があった。

冬虫夏草の発掘シーンも登場する。まず、おもむろに近くのシダの葉を何枚か地面に折り敷く先生。次に、長靴をぬぐと、裸足でそのシダの葉の上に正座した。

「冬虫夏草に敬意を表する儀式みたいなもんです。特に珍品を発見した時なんかにやるんです」

カイツさんが補足説明をしてくれる。

「〝今からお座敷をつくります〟――そう言ってたね」

民宿の主もそう一言。

ちなみにこの「お座敷作り」の由来は、戦時中までさかのぼるとのこと。一九四五年、大陸の興安嶺調査に牧野富太郎博士らと参加したおり、地元の人々が野生のチョウセンニンジンを掘る時の様を見て、それが手本になっているらしいとのことだ。

大正四（一九一五）年、埼玉県秩父《ちちぶ》に生まれた先生は、戦前、東京大学の小石川植物園や満州の科学院植物研究室などに勤務された。戦後になって一時、コケの研究所として有名な服部植物研究所にも籍《せき》を置かれた時期がある。後に米沢《よねざわ》に移り住み、本格的に冬虫夏草調査を推し進める。最終学歴は秩父《ちちぶ》農林高校卒。博士号も持たず、いわばたたき上げのフィールド屋であった。

先生の教え

映像の中の清水先生は、お座敷に膝《ひざ》をつくと上半身を立ち上げ、鋭い刃の根掘りで冬虫夏草の周囲にぐるりと切り込みを入れた。そして、ごそっと土ごと冬虫夏草を掘り起こした。そこからピンセットで、土をゆっくりと崩《くず》していく。やがて土の中からセミタケの仲間の姿が現れた。

「ああいう掘り方は、習ってないなぁ」

カイツさんが笑いながらそう言った。冬虫夏草の掘り方として、この方法はちょっと危険なのだ。下手をすると、途中でギロチンしかねない。

「もちろん種類を見て、これくらいの深さなら……とわかっていたんだろうけど」

カイツさんらは、先生の直接指導歴が長い。カイツさんと同じく福島から来たウカジさんは、特級掘り士の称号を持つ、数少ない一人だ。

「エゾハルゼミタケは地中の柄《え》が長いんですよ。掘る時、脇《わき》で清水先生が見ていて緊張しました。ギロチンなんてできませんからね。別の時は、掘ってる横にハチの巣があったんです。なのに先生は、我慢、我慢と言う。手の平を二ヵ所、刺されましたよ」

ウカジさんは笑って述懐《じゅっかい》する。恐るべし清水先生。今日、先生がいたら、ギロチン男の僕はどんな目にあっていただろうか。

「ギロチンした時、先生に見せました？」

ツチダンゴ屋のムロイさんが、カイツさんにそう聞いた。

「いや、報告しない」

カイツさん、笑ってそう言う。

「でもね、先生が目の前にいたら絶対ギロチンしない。だから掘るのがうまくなる。そもそも、これを掘れと先生が言った時は、ものすごく大事なものの時だし」

「絶対に失敗しないの？」と、マサキさんがやや懐疑《かいぎ》的な面持ちで聞き返した。

「絶対、ギロチンしない」

カイツさんは、きっぱり答える。

「一本掘るのに一時間とか、一時間半とかかかるけどね。先生は、自分で掘らないで脇《わき》で見ていることも多かった。あれは、弟子を一人前にするための試練かなぁと思うよ」

地域の山岳会の理事長を務めたり、若い頃にはスキーのインストラクターをしていたりと、清水先生は体育会系の人でもある。だから、怒ると、おっかない。

自分の仕事を自覚せよ

「俺、一回先生に怒られたのは、顕微鏡を見たいと言った時だな」

ビデオ上映をきっかけに、カイツさんの思い出話は続く。冬虫夏草の種類を鑑定する時、最終的には子のう果や胞子《ほうし》の形態観察が必要になってくる。誰にでも気軽にできることではないが、本格的に研究しようと思うなら、やはり顕微鏡は必須のアイテムだ。

「先生は、見る必要ないっ！　て言うんだよ。顕微鏡を見るようになると、フィールドに出なくなる。我々の仕事は顕微鏡を見る前の仕事。見つける人がいないと、観察する人もいない……とも言われたよ」

このカイツさんの話に、西表島《いりおもてじま》の民宿まで顕微鏡セットを持ち込んで来たマサキさんが咬《か》みついた。

「自分で見つけたものには、責任を持てなきゃ駄目だと思いますよ。だから、顕微鏡を見るなというのは、ちょっとおかしいです」

これに対してカイツさんは言った。

「自分たちは下積みの作業をしている。でも、それを、自負を持ってやりなさいっていうことだと思う」

僕は顕微鏡を扱わない。自分の手に余ると思うから（ただし倍率の低い双眼実体顕微鏡は形態観察に必須である）。だから、種不明のものの最終判断は、顕微鏡を扱える人に頼んでいる。もどかしいと思うこともある。ただ、カイツさんも言うように、人にはそれぞれ役割のようなものがあっていいと僕も思う。だからこそ、冬虫夏草の会は、駆け出しのアマチュアからハイアマチュアそしてプロまで、様々な人が集まれる。そして、その人たちをつなぐネットワークができている。

学問の敷居《しきい》を下げ、冬虫夏草を人々に知らしめた。強烈な個性ゆえに、功罪は共にあるだろうけれど、清水先生の成し得た偉業の一つはこれだろうと思う。

僕も、そんな清水先生の遺志を継いでいきたいものだ。本書を書いている理由には、その思いもある。

三日目の朝のこと

三日目の朝。

ボーベリ屋のマサキさんの部屋に、昨日ギロチンしてしまったアマミセミタケの頭部を持ち込む。

「ぶった切っちゃっていいですか?」

「ギロチンしたやつだから、有効に使ってもらえれば冬虫夏草も浮かばれる……」

培養《ばいよう》の素材に使ってもらうことにしたのだ。

「お礼に、エントモプテラの胞子《ほうし》見ます?」

マサキさんが机上《きじょう》の顕微鏡を指差し、そんなことを言う。昆虫病原菌のうち、疫病菌と呼ばれるグループの一つ、エントモプテラの胞子《ほうし》が入ったシャーレがちょうどセットされていたのだ。

朝からそんなことをして外へ。この日も川沿いの別の森で探索。しかし天気が芳《かんば》しくない。

「ここはイリオモテクマゼミタケの坪《つぼ》です。今までの調査で合計一五個体ほどが見つかっています。

ある年にまとまって一〇個体以上見つかったんですが、それ以後、最近はほとんど見つかっていません。まだ学界に正式発表されていない種類なので、見つけられたら標本はウチヤマさんの元へ送ろうと思います」

カイツさんが例によってワンポイントアドバイスをしてくれる。

イリオモテクマゼミタケは、地表に転がるクマゼミの成虫から、白い棒状の子実体《しじつたい》が何本も伸びるという奇異な冬虫夏草だ。カッコイイ。ぜひ一度見てみたい。図鑑に載《の》っている絵を見た時から、憧《あこが》れていた冬虫夏草の一つ。

うまく採集できたら送る予定になっているウチヤマさんは、会の学術顧問《こもん》的存在だ。製薬会社に勤めるかたわら、こつこつと冬虫夏草の研究を進めていて、新種の記《き》載《さい》論文を発表する力を持ったプロの研究者である。

専門家の早とちり

はやる気持ちで林内へともぐり込む。しかし、最初はな

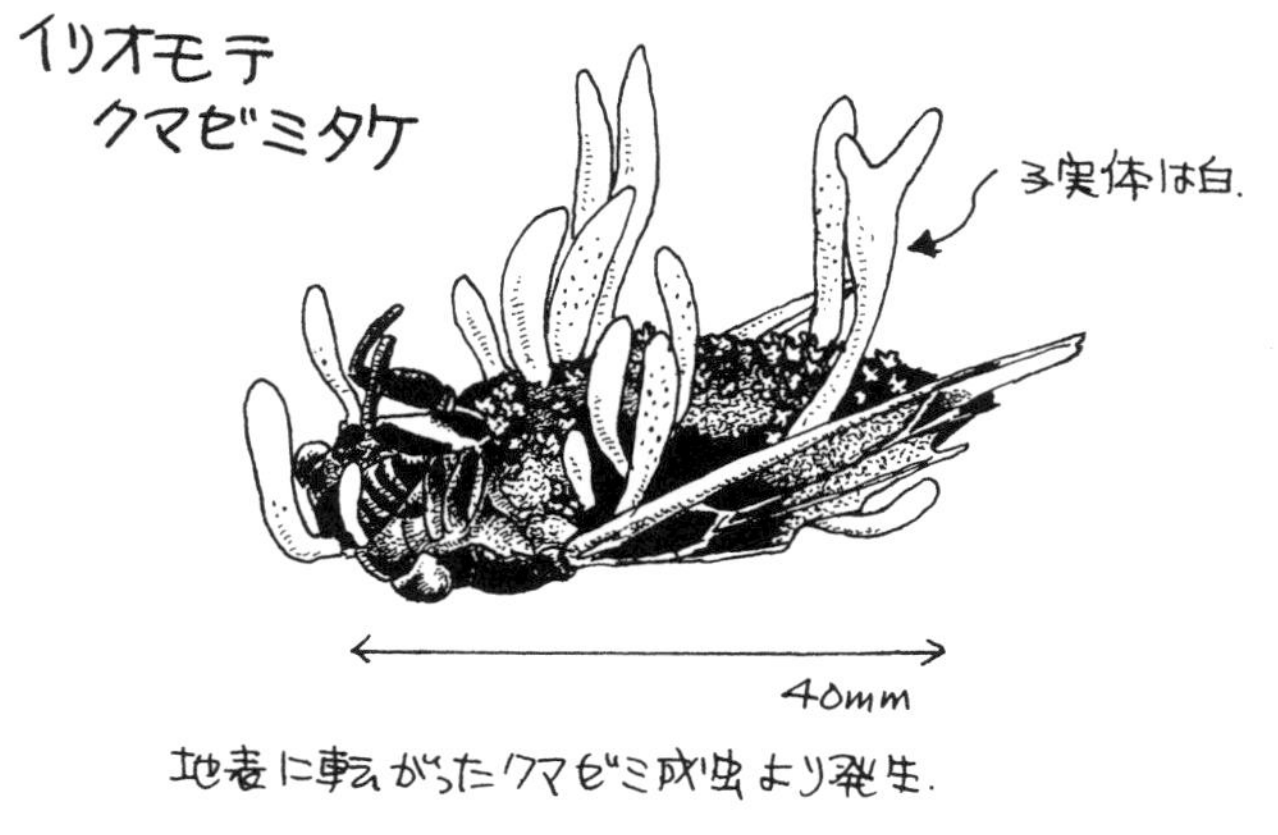
イリオモテ
クマゼミタケ
子実体は白.
40mm
地表に転がったクマゼミ成虫より発生.

かなか見つけられない。

ようやくヤエヤマコメツキムシタケ㉛を発見したと思ったら、しのつくようなスコールだ。それでも誰も、撤収《てっしゅう》しようなどとは言わない。そのスコールが上がった頃、カイツさんの姿を見つけた。イリオモテセミタケを掘っている最中とのこと。

イリオモテセミタケは、アマミセミタケに似ているが、地中の柄《え》が太めで短い。ただし僕は自分で掘り上げていないので、実際にじっくり見比べたことはない（一本発見したのだが、もう老熟していて半ば朽《く》ちていたため、あえなくギロチンした）。

肝心《かんじん》のイリオモテクマゼミタケは誰も見つけられなかったのだが、この他にカンザシセミタケの未熟個体が見つかった。カンザシセミタケは、太めの柄《え》の先が分岐《ぶんき》し、そこにいくつもの黄色味がかった、丸い頭部をつける種類だ。

この時、一騒動が起こる。並いる冬虫夏草屋の誰もが見たことがないという〝新種候補〟を、一人の参加者が発見したのだ。

それは、土ごと掘り上げられたものだった。黄色の細い子実体《しじつたい》は、よく冬虫夏草と間違われるソウメンタケにきわめて似ていた。ところが直下の土の中に、コガネムシ類の幼虫が丸まっている。

珍しい、珍しい……と騒いでいるうち、カメラを向けていたクロキさんが、「あれ？　幼虫が動いてる！」と叫んだ。

何のことはない。ソウメンタケの直下に、たまたまコガネムシの幼虫が潜《ひそ》んでいただけだった。一時、見事に皆、だまされた……。

こんな珍騒動の後、再び豪雨《ごうう》が僕らを襲った。さしもの猛者《もさ》たちも、川が増水する危険もあり、宿に引き返さざるをえなかった（かなりぎりぎりで間に合った）。

翌日は、やはり雨の中、浦内川《うらうちがわ》沿いの森の探索。僕はこの日で那覇にもどったのだが、後で話を聞くと、翌々日の探索で見事にイリオモテクマゼミタケを発見したということだった。

梅雨時の、三泊四日の僕の〝武者修行〟は終わった。

初めて世に出る冬虫夏草

西表島《いりおもてじま》から帰ってきてしばらくたった六月下旬、屋久島のヤマシタさんから小包が届いた。

容器に入ったシダの葉を除くと、長い長い冬虫夏草が出てきた。セミの幼虫から発生したもので、細長い柄《え》の先に、ややふくらんだ棒状の、紫がかった肌色《はだいろ》の頭部がついている。全長で一七センチもある。

「アマミセミタケだ」

西表島《いりおもてじま》の武者修行がさっそく成果を現した。ちゃんとした姿で掘り出すことはできなかったが、この子実体《しじつたい》頭部の形や色合いは、西表島《いりおもてじま》山中に生えていたアマミセミタケと同じものと思われた。

前年、ヤマシタさんに案内され、標高八〇〇メートルのアカガシの生える尾根でワッシーが掘った謎のセミタケも、きっとこれと同じ種類のものだろう。ジロウ君やヤマシタさんが七月に見つけたのもこれだろうと思う。ヤクシマセミタケ❷以外のセミタケ類が屋久島に生えることがはっきりした。

ただし、肉眼的に見える形態だけで種類を特定するのは危険でもある。そこで僕はこの冬虫夏草を日本冬虫夏草の会のタケダさんに送って見てもらうことにした。

山形県在住のタケダさんは、高校時代にデパートで催された冬虫夏草の展示を見たのがきっかけで、冬虫夏草の世界にのめり込んでいく。以後、森林組合に勤めるかたわら、退職した現在に至《いた》るまでの四五年間、特級掘り士の称号と共に活躍してきた。冬虫夏草の会の中でも現物を数多く見たという点ではナンバーワンだろう。清水先生存命中は、その教えを守って顕微鏡にはいっさい手を出さなかったタケダさんだが、最近は顕微鏡による胞子《ほうし》の観察も行っているので、ますますもって心強い。僕は、正体のわからない種類は、まずタケダさんに送って見てもらうことにしている。

「アマミセミタケと似ているが、ちょっと違うところもあるので、そうと言いきれない❺」

何度かやり取りをしたのだが、結局結論はそういうことになった。

日本の南部の冬虫夏草は、まだよく調べられていないことが多いのだ。だから屋久島産のこの冬虫夏草は、以下、仮に〝アマミセミタケ類似種❺〟という表記にする。この種類は、この本で初めて世に出る冬虫夏草だ。

もう一つの初登場

過去二夏続けて見つけた屋久島産の菌生冬虫夏草㊸も、タケダさんに加え、ウチヤマさんにも見てもらったのだが、これまた正体不明なままである。

一つには送った標本の状態が悪く、未熟だったりして、胞子《ほうし》がうまく観察できる状態になかったこともある。

「エリアシタンポタケに似ているが、同じものかどうか怪《あや》しい点がある」

ウチヤマさんからもらったコメントはこうだ。

エリアシタンポタケは、『冬虫夏草図鑑』によると一九五七年に山形県で見つかり、後に宮城県の蔵王《ざおう》で別の坪《つぼ》が発見された（ここは一度に一〇〇本ほども発生するとのことだ）。図鑑に載《の》せられている図版を見る限りでは、似ているとも違うとも思えてしまう。タケダさんが蔵王《ざおう》産の液浸《えきしん》標本を一つ送ってくれたのだけれど、これを見ると形態的には確かに屋久島の菌生冬虫夏草と似ている。やはり実物を見比べることは大事なようだ。

取りあえずこの種も〝エリアシタンポタケ類似種㊸〟と表記したい。この種類もまた、この本で世の中に初登場だ。

ヤマシタさんの小包と前後して、これまた屋久島在住の友人の一人、マナツさんからも小さな包みが届いた。ガイド業を営むマナツさんも、この数年冬虫夏草に興味を持っているのだ。その包みの中からは、ホソエノアカ

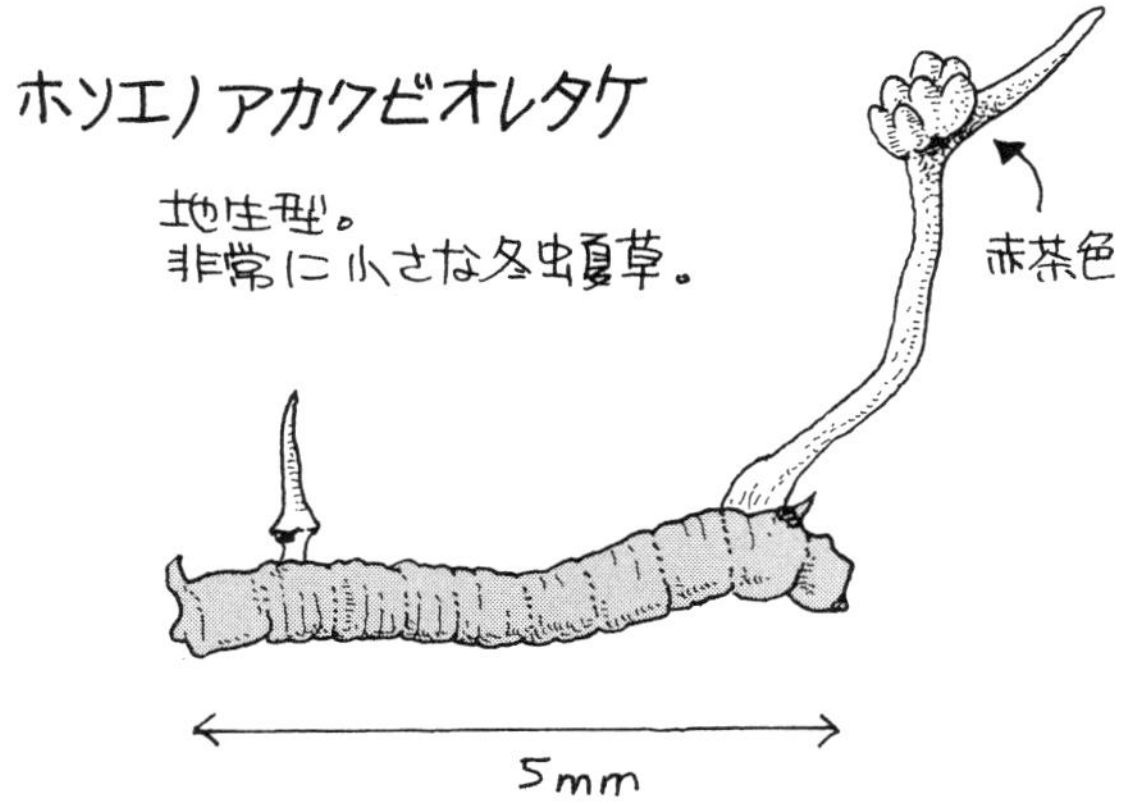

クビオレタケが転がり出てきた。子実体《しじつたい》の長さ一センチという超小型の冬虫夏草だ。

こんな種類も見つかるんだ。

何度目かの驚きに包まれる。

清水先生の第一回西表島《いりおもてじま》冬虫夏草調査でヤエヤマコメツキムシタケやイリオモテセミタケが見つかった。以後三〇余年。西表島《いりおもてじま》で見つかった冬虫夏草は、タケダさんの集計によれば一〇〇種近くになる（正式に学名がつけられていないものも多いため、正確に何種と言えるようになるには時間がかかりそうである）。

そしてまた、屋久島の冬虫夏草の全体像をつかむのも、きっと時間のかかることだろう。

まずは今できることから始めよう。週末三泊四日の日程で、七月上旬、僕は屋久島へと向かった。

僕の第三次屋久島調査である。

パート6◉森の命の流れが見える

いつも決まった木の下で

沖縄島から屋久島へは、一度鹿児島を経由する。昼過ぎに那覇空港を飛び立った僕が、屋久島空港に到着したのは夕方五時だった。ロビーには丸眼鏡に口ひげの、フクロウ然《ぜん》としたヤマシタさんの姿が見える。ヤマシタ家に荷を置き、一息つく間もなく外へ。夏の日暮れは遅い。小一時間くらいは残照の中で冬虫夏草が探せそうだ。

ヤマシタ家のすぐ下の沢は、普通なら「絶対に冬虫夏草が出る」と言い切れる森だ。しかしここは屋久島。そうは問屋がおろさない。見つかったのは、コガネムシの成虫についたボーベリアが一つだけ。

「屋久島の標高が低い所では冬虫夏草が見つからないねー。何でかなー」

ヤマシタさんもはてな顔。

冷や奴《やっこ》とみそ汁。それにトビウオの干物《ひもの》の夕食。ヤマシタさんの手料理は、何だかしみじみとした味わいである。

夜、ヤマシタさんと冬虫夏草談議。

「冬虫夏草がよく出る木の下、っていうのがあるよ」

ヤマシタさんが言う。昨年、冬虫夏草病を発症したヤマシタさんは、今シーズンが待ち遠しくてたまらなかった。ふとインターネットで冬虫夏草を取り上げているホームページを見ていたら、オオゼミタケの話が……。

オオゼミタケはアブラゼミの幼虫から発生する。太い柄《え》の先に球状の頭部をつけるこの冬虫夏草は、変わっている点として、春に発生すること（残念ながら僕はこの種類を自分で採集したことがない）。

「そんな時期に出るものもあるんだなぁ」

そう思ったヤマシタさん、矢も盾《たて》もたまらず森に入ると、なんとそこでオオゼミタケを見つけてしまった。

「見つけた時は震えたね。まさかあるとは思っていなかったし……」

そのオオゼミタケ。気がつくとヤクシマオナガカエデの木の下でばかり見つかったとのことだ。

「オナガカエデの木の下ばかり見て歩くの。そうすると、あるんだよ」

そういうことはあるかも知れない。

かつて一度、自由の森学園の校庭でセミのぬけがら調査をしたことがある。様々な木にぬけがらがついていたけれど、一本のメタセコイアの木には特異的に数多くのぬけがらが張りついていた。セミの幼虫が好む木というのがあって、セミの種類によっても樹種が違うのだろうと思う。

僕は来るのが遅かった

どうやら屋久島の冬虫夏草シーズンは、このオオゼミタケの発生する春からもう始まっているようだ。ヤマシタさんがオオゼミタケを見つけたのは、標高六〇〇メートルの、スギと照葉樹の混交林。この場所は、以後六月にかけて、次々と冬虫夏草が見つかった。混交林内の坪《つぼ》であったのだ。

「アリタケ⓮も五月頃から出てたよ。それからハナヤスリタケ㊹でしょ、ツブノセミタケ❻、それにサナギタケ⓱……」

僕が屋久島を訪れるまでにヤマシタさんが見つけた冬虫夏草の名が次々に上がる。いつのまにやら立場逆転。すっかり僕が教えを乞《こ》う立場となってしまった。

菌生冬虫夏草のハナヤスリタケ㊹も見つかったと言う。この種類は全国的に分布するが、北海道では九月、奄美大島では真冬と、発生期は地域によって違う。屋久島の混交林では、六月にホソバタブの木の下でよく見つかるとヤマシタさんは言う。さらにもう一種、名前のわからない菌生冬虫夏草もこの坪《つぼ》から発見されている（後にヌメリタンポタケと判明した）。

「〝アマミセミタケ類似種❺〟はサカキの下で見つかるよ」

〝アマミセミタケ類似種❺〟も、この標高六〇〇メートルのスギと照葉樹の混交林内の坪《つぼ》で発生が見られたもの。六月初旬から地下に子実体《しじつたい》を現したということだった。

「次こそは冬虫夏草発生ピーク期の調査をしよう」

一年前からそう決めて、七月上旬に無理矢理時間を作って屋久島までやって来たものの、すでに一ヵ月も前にピークがあったよと言われ拍子《ひょうし》抜けする。

「アリタケ⓮はもう時期遅いよ。サナギタケ⓱やハナヤスリタケ㊹も姿消しちゃったし」

無情なヤマシタさんの一言。時計の針は戻せない。

少し自信がついてきた

翌日。朝六時にワッシーがヤマシタさんの家にやって来る。コーヒーを飲んでいざ出発。標高六〇〇メートルの「オオゼミタケの坪《つぼ》」を目指す。

〝アマミセミタケ類似種❺〟の子実体《しじったい》は、枯れ葉にまぎれていると、とても見つけにくい。五月から連日のごとく冬虫夏草を探し歩いたヤマシタさんは「ここにある」「あっちにある」と、ほいほい見つけてしまう。何だか悔《くや》しい。ようやく自力で一本見つけた。

「掘ったら？」

「えーっ？」

ちょっと尻込み。何せ僕はギロチン男だ。だが西表島《いりおもてじま》の教訓を糧《かて》にしよう。お座敷を作らぬまでも、冬虫夏草を前に正座する。一息ついて掘りにかかる。この時、ライトがあると便利だ。暗い林床《りんしょう》で穴を掘るので、細い子実体《しじったい》の柄《え》は、ともすると見失いがちになりやすいから。

神様が憐れんでくれたのか、僕の見つけた〝アマミセミタケ類似種❺〟は、子実体《しじったい》の長さが五センチほどものだった。無事ギロチンせずに掘り上げることができた。やれやれ。

森はミーウン、ミーウンと鳴くヒメハルゼミの声に包まれている。本来のアマミセミタケは、オオシマゼミやクロイワツクツクなど、ツクツクボウシ類の幼虫から発生すると本にある。一方、屋久島産のこの〝アマミセミタケ類似種❺〟は、ヒメハルゼミの幼虫から発生していた。宿主《しゅくしゅ》もちょっと違うのだ。

「駄目です。切っちゃいました……」

離れた所で〝アマミセミタケ類似種❺〟に挑戦していたワッシーが残念そうに言いながら合流してきた。彼女は、この後わかってくるのだが、僕に勝るとも劣らないギロチン娘であったのだ……。

標高六〇〇メートルのこの「オオゼミタケの坪《つぼ》」でツブノセミタケ❻も一本掘る。この冬虫夏草は〝アマミセミタケ類似種❺〟にもまして見つけにくい。一見ただの白く細長いキノコが突き出ているだけに見える。よくよく見ると、その白っぽい柄《え》に、小さな子のう果がついて

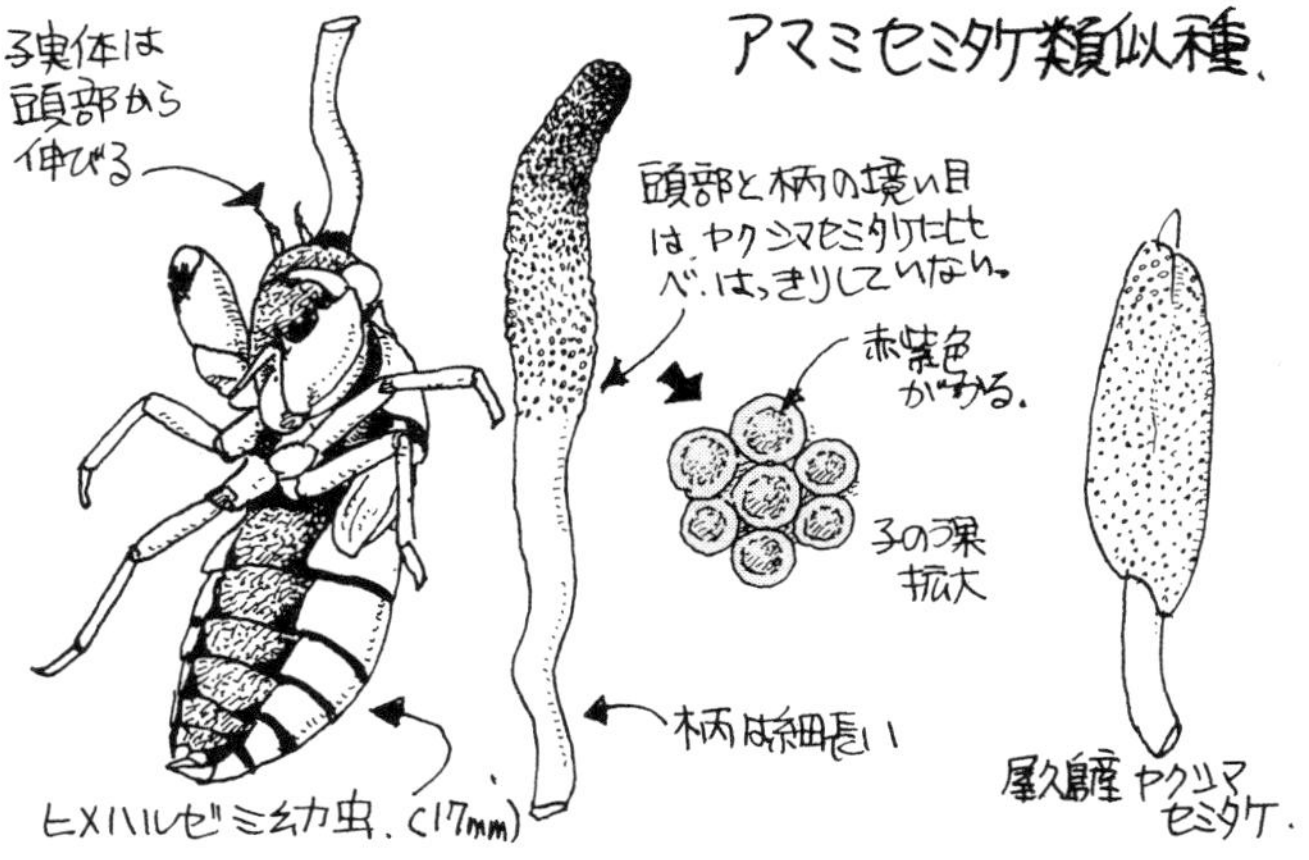

いるのだが。

季節は戻る

午後、昨年案内してもらった〝ヤマシタポイント〟へ。標高一〇〇〇メートルのスギを主体とする原生林だ。

車を置いた林道の崖《がけ》にさっそくアリタケ⓮が生えていた。ムネアカオオアリというアリとしては大型のアリのしかも女王（体長一・五センチ）の頭や胸から細長い柄《え》が伸び、その先端に黄色い球状の頭部がついた冬虫夏草だ。

なるほどと思うことがある。

飯能市《はんのう》で冬虫夏草を探す場合、あっちからこっちへと車を移動しても、それは水平距離の移動だった。ところが屋久島では容易に垂直方向へも移動できる。標高が上がれば気温が一〇〇メートルにつき〇・六度下がる。先に「時計の針は戻せない」と書いたけれど、標高を上げれば、季節が多少逆戻りする。標高六〇〇メートルの「オオゼミタケの坪《つぼ》」ではアリタケ⓮の発生期は終わっていたが、こ こ標高一〇〇〇メートルの〝ヤマシタポイント〟周辺では、まだアリタケ⓮は発生中だったのだ（結局アリタケ⓮は三本見つかった）。アリタケ⓮同様、「オオゼミタケの坪《つぼ》」では発生が終わっていたサナギタケ⓱も三本確認。

「アリタケ⓮は初心者にやさしい虫草ですよ。色ついてて見つけやすいし、掘りやすいし」

アリタケ⓮は、ぐずぐずに朽《く》ちた木の中から発生することが多い。ムネアカオオアリは朽《く》ち木に営巣するので、新女王が営巣しようとしてうろついている時に、倒されるのかと思う。ワッシーはギロチン娘であることを自覚していて、アリタケ⑭だけは「掘りやすくていい」と言う。

「ヤマシタさんやジロウちゃん、ギロチンしないものね。カメラをやる人って、そういう細かい作業が得意なのかなぁ」

ワッシーがぼやく。確かにヤマシタさんは「掘り士免許」があるならば、一級は軽くパスするに違いないと僕も思う。

標高タイムマシン

屋久島のクモタケ㊵が見たい。

昨年、ヤマシタさんから七月にクモタケ㊵をいっぱい見たと聞き、その時からそう思っていた。だから〝ヤマシタポイント〟の本当の狙《ねら》いはアリタケ⑭とかではなくてクモタケ㊵だった。しかし全然なかった。

「一〇日ほど前に、標高三〇〇メートルの照葉樹の森で

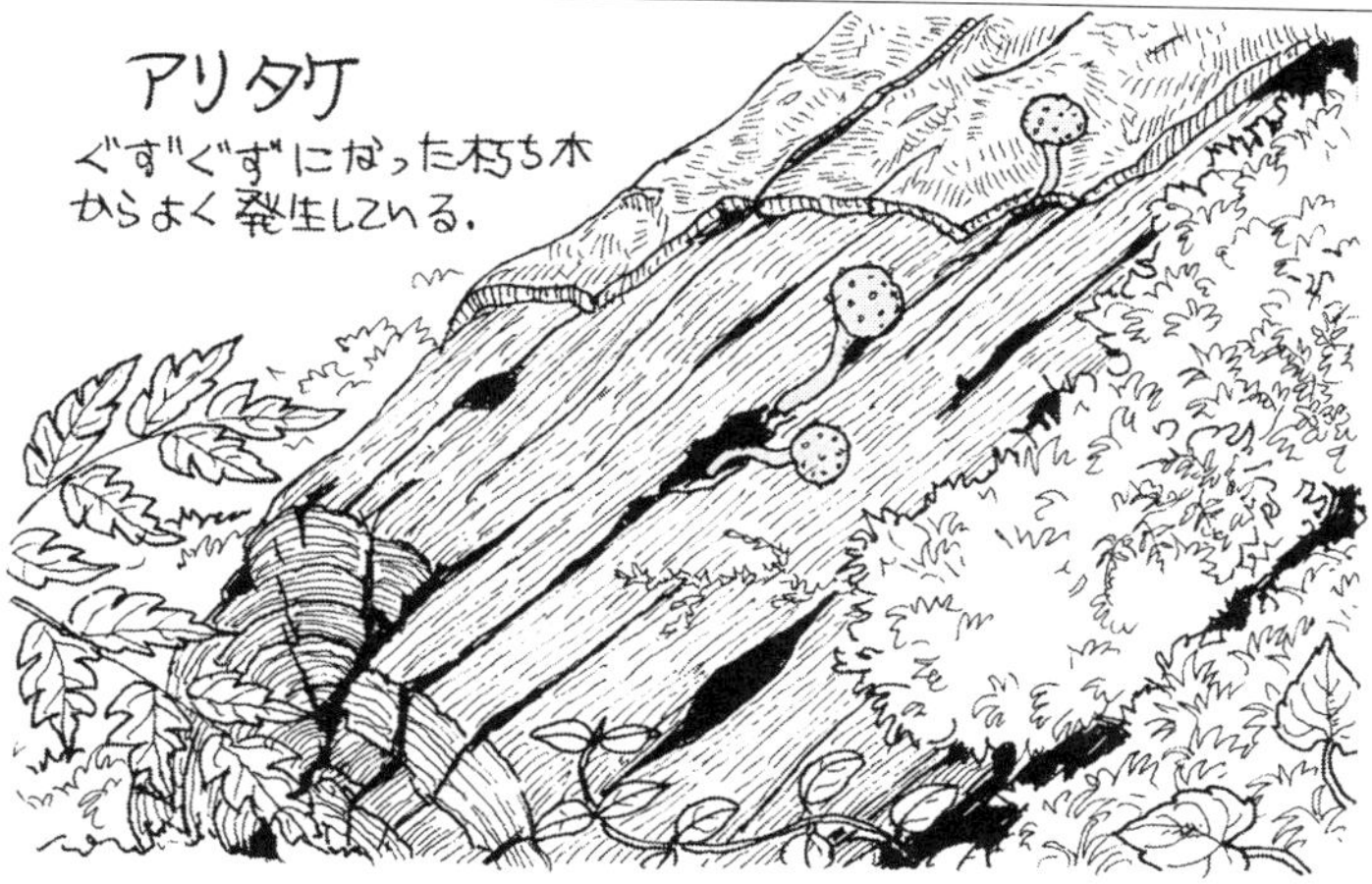
アリタケ
ぐずぐずになった朽ち木
からよく発生している.

クモタケ㊵一本見たよ」

ヤマシタさんが記憶を引っぱり出してくる。すでに夕闇《ゆうやみ》の中、ライトを照らしてその森へ。しかし、ない。

「おかしいなー。どこへ行っちゃったんだろう」

「ヤマシタさん、クモタケ㊵は子実体《しじつたい》の寿命、数日しかないんですよ」

「えーっ、そんなに短いの？」

柔らかな子実体《しじつたい》のクモタケ㊵は、地上に姿を現したかと思うとすぐに消えていく。でも、少しだけクモタケ㊵の発生状況が見えてきた。

六月中旬、標高三〇〇メートル地点では、クモタケ㊵発生期を迎える。

七月上旬、標高一〇〇〇メートルでは、クモタケ㊵発生にはまだ早い。

ヤマシタ家に戻ってからわかったのだが、実は〝ヤマシタポイント〟には一本だけクモタケ㊵が生えていたのだ。見つけたのはワッシーだ。ヤマシタ家に戻って冬虫夏草の図鑑をぱらぱらとめくっていたワッシーが、あるページで手を止めた。

「ゲッチョさん、クモタケ㊵って、粒々ないんですか？」

「ないよ。粒々があるのを見つけたら、それこそ大変。珍しい完全型だから」

「じゃあ、あたし、クモタケ㊵見たかも」

「えーっ？」

「道の脇《わき》に奇麗《きれい》なのが生えてて、触ったら、むっちゃ粉吹いたんですよ。抜いたらすぽっと抜けて。

粒々ついてないから虫草じゃないやと思って。根元に何もついてないし」

「だって、袋に入ってたでしょ」

「そう。ふーん、キノコって袋から出るんだって思ったんですよ」

いやはや。でも一歩遅れて歩いていたワッシーが見つけたということは、僕とヤマシタさんは気がつかなかったということでもある。

とにかく、これではっきりした。標高一〇〇〇メートルの林では、七月上旬はまだクモタケ㊵発生の初期なのだ。「標高タイムマシン」をうまく利用してみよう。ピークを過ぎた標高三〇〇メートルと、まだ初期の標高一〇〇〇メートルの中間点に、今ちょうどクモタケ㊵のピークを迎えている場所があるはずだ。

南の島のクモタケの分布

三日目。「標高タイムマシン」理論の予測に合わせ、標高六〇〇メートルの森へ。

登山道脇《わき》の土手は、キシノウエトタテグモが好んで営巣しそうな場所である。湿った土手があると、目を光らせて歩く。

やった。予測通り、クモタケ㊵発見。僕にとっては屋久島で初めて見るクモタケ㊵だった。

それにしても屋久島では、低地から高地のスギ原生林にかけて、広くクモタケ㊵が発生するようである。

ちょうど埼玉県にいるジロウ君から、昨晩、ヤマシタさんあてにメールが入った。「明治神宮で一人虫草祭《ちゅうそうさい》をしてました。クモタケ㊵五〇本発見」――そんな内容である。都市内の公園から屋久島のスギ原生林まで、クモタケ㊵は驚くほど様々な場所で見つかる。「クモタケの全国分布調査結果（一九九三年～一九九六年）」（畑守有紀ほか『KISHIDAIA』七二号、一九九七年）は、クモの研究者たちが、全国のクモタケ㊵の調査をした結果だ。これによると、太平洋側では福島県南部、そして日本海側では石川県を北限とし、より以南にクモタケ㊵は分布している。この時には屋久島は調査が行われておらず、また南限は奄美大島どまりとなっている。つまり屋久島でのクモタケ㊵の報告は、この本が最初ということになるだろう。

　僕の住む沖縄島からも、正式なクモタケ㊵の分布報告はないようだ。しかし僕は、知人のコウモリ屋タムラ君にその発生を教わり、沖縄島南部の洞窟《どうくつ》内からクモタケ㊵を見つけることができた（発生期は今のところ六月初旬から中旬を確認している）。タムラ君の話によると、西表島《いりおもてじま》の洞窟《どうくつ》内でもクモタケ㊵の発生が見られると言う

（発生期は三月。他の人による追加証言もある）。なぜか沖縄島以南では、クモタケ㊵は洞窟《どうくつ》内で見られるのだ。

東京では公園で普通に見られるクモタケ㊵が、屋久島では様々な標高の林内で見られる。そして東京や屋久島では〝普通種〟のクモタケ㊵も、沖縄島では〝珍種〟である。発生環境も異なっている。〝普通〟と思っているものに、別の顔があることに気づく。

冬虫夏草のカレンダー

三日目の一番の成果は、クモタケ㊵を七本見つけることができたことだ。すなわち「標高タイムマシン」理論の成果である。この他には未熟なカメムシタケ❼一本にハナサナギタケ㉒二本、さらには〝アマミセミタケ類似種❺〟一本だ。

カメムシタケ❼は、ここ標高六〇〇メートルの地点ではようやく発生初期を迎えたようだった。

「七月にクモタケ㊵やカメムシタケ❼をいっぱい見た」

前年、ヤマシタさんは標高一〇〇〇メートルの〝ヤマシタポイント〟の様子をこう語っていた。が、今年は同時期、ここ標高六〇〇メートルの森でようやくクモタケ㊵やカメムシタケ❼が発生し始めたところだ。今年は、季節の移り変わりが、前年よりも遅いようである。だから〝冬虫夏草カレンダー〟は相対的なものであると考えたほうがよいだろう。

オオゼミタケ。

アリタケ⓮、サナギタケ⓱、ハナヤスリタケ㊹。

クモタケ㊵、カメムシタケ❼、〝アマミセミタケ類似種❺〟。

〝エリアシタンポタケ類似種㊸〟。

標高六〇〇メートルほどの混交林から標高一〇〇〇メートルほどのスギ原生林にかけて、おおよそこのような順番で冬虫夏草が発生するが、ただしいつ発生するかは、年によって異なっている。少しずつ屋久島の冬虫夏草の全体の雰囲気《ふんいき》が見えてきた。

この日の晩、ヤマシタ家にお客さんがやって来た。サブローさんの民宿に泊まっているという、静岡からやって来た若い女性で、仕事はスクールカウンセラーだそうである。

ヤマシタさんのファンである。ヤマシタさんの写真集をきっかけに、この半年でもう三度目の屋久島だと言っていた。

ところが僕らは、まるっきり冬虫夏草モードである。憧《あこが》れの人に会いに来たのに、その人は変な奴《やつ》（つまり僕）と、虫につくキノコの話などをえんえんとしている。普通ならうんざりすると思うのだが、彼女は健気《けなげ》にも、多少の興味を示してくれた。

「どうして冬虫夏草にはまったんですか」

彼女は、ヤマシタさんにそう聞いた。

「虫草は、森のいい状態の所に出るんです」

「森を見ることに、はまるってことですか？」

「森があって、湿度があって、セミの好きな木があって、もちろんセミがいて、虫草が出る。セミが卵産んで、土の中で何年も幼虫として育って、それが虫草になる。そうしたことを考えると、森の深みってことがわかるんです。そんなこと考えるのが楽しい。例えば木を伐《き》る時、土の下にこうしたものがいるって知っていることは大事だと思います。目に見えるものだけが失われるわけじゃないんだと……」

ヤマシタさんの答えは、一年前に僕が同じ質問をした時と、どこか変わっていた。

ヤマシタさんと同じく、僕も今、屋久島の冬虫夏草を追う中で、どこかで「森」というものの実存を感じ始めていた。

森の命の流れが見える

四日目。最終日。

前年、ワッシーが〝アマミセミタケ類似種❺〟を見つけた標高八〇〇メートルの照葉樹とスギの混交林地帯の、アカガシが生える尾根へ。昨年、ヤクシマセミタケ❷を期待して行った所だ。

〝アマミセミタケ類似種❺〟が生えていた。昨年はワッシーがたった一本見つけただけだったのに、今年はうじゃうじゃ生えていた。尾根と、その下に流れる沢にかけての斜面で総計二五本もの〝アマミセミタケ類似種❺〟が見つかった。ここも坪《つぼ》だ。本当に無い所には無いが、ある所にはある。いったい坪《つぼ》というのはどうやって決まるものだろうかと思ってしまう。

これだけ何本もの〝アマミセミタケ類似種❺〟を見ていると、変わったことが目につくようになる。例えば子実体《しじつたい》頭部が白くなったものがある。

「何だろう?・」そう思ってよく見ると、頭部に一ミリほどの細長い菌糸《きんし》の突起が多数、くっついている。〝アマミセミタケ類似種❺〟の不完全型か？　どうもそうではなくて、他の菌が〝アマミセミタケ類似種❺〟にさらに寄生したもののようだ。『冬虫夏草』のバックナンバーをめくったら、他の種類のセミタケで、同じような状態になっているものの写真が掲載《けいさい》されていた。そこには、シロサンゴタケという不完全菌類が寄生した状態、と書いてある。

虫に取りつく冬虫夏草も、さらに誰かの命を支える糧《かて》となっている。そのことに、何だかとても心惹《ひ》かれる。

同じように、〝アマミセミタケ類似種❺〟の子実体《しじつたい》頭部に食い込んでいるハエ類のサナギも、目に入ってきた。体長三・八ミリのこのサナギ、子実体《しじつたい》内部を食べて育った、おそらくキノコバエの仲間のものだろう。

一本の冬虫夏草から、森の命の流れが見えてくる。

冬虫夏草は森が生みだした結晶のようなものだ。とするなら、冬虫夏草を見ていけば、それを生みだす森のことも見えてくるだろう――遅まきながら、僕はそんなことに気づき始めた。

アリに生える冬虫夏草。この小さな生き物が、さらにそのことを僕に教えてくれることになる。

話は少しさかのぼる。

感無量のものがある

僕が日本冬虫夏草の会に入会してから一二年がたつ。

埼玉県の飯能《はんのう》市で一人、冬虫夏草を追っていた僕は、風の便りで日本冬虫夏草の会の存在を知った。

出版社に勤める知人が、会長の清水先生の連絡先を知っているという。そのつてで、僕は一面識もない先生に手紙を出した。

清水先生は筆まめな方であった。すぐさま返信が届き、その文面を見て驚いた。

このしばらく前、僕はアウトドア雑誌『ビーパル』に、アマゾン旅行で見た生き物の絵を描いていた。先生はこれを見ていて、登場するバッタの冬虫夏草がひょっとすると新種かも知れないから、その標本が見てみたいと書き送られてきたのだった。

たった一枚の絵を見ただけでそれが新種かも知れないとわかってしまう、しかもそれが南米産のものであっても——。僕はそのことにいたく驚いた。さっそく先生にバッタの冬虫夏草の標本を送ると共に、他のアマゾン産の冬虫夏草を描いたスケッチも同封した。

これまたすかさず返信が届く。その中で、スケッチに描かれた冬虫夏草の一つは、最近日本で見つかったイトヒキミジンアリタケ⑯という冬虫夏草ではないかと思う、と書かれていた。

再び、びっくり。そこでまたアマゾンで見つけたアリタケの仲間の標本を先生の元へと送る。三度目の先生からの返信には、やはりイトヒキミジンアリタケ⑯であったという同定結果と共に、以下のような文面がしたためられていた。ちょうどこの種類がマレーシアでも見つかったことを受けての内容だ。

「日本列島からはるかに離れた熱帯地方から図らずも同時期に（この冬虫夏草が）集まったことの奇縁に感無量のものがあります」

そうあった。

アマゾンのジャングルで

子供の頃からアマゾン川に行きたいと思っていた。小学校の卒業文集に、僕は「将来アマゾンに博物館を建てたい」と書いたほどだ。

ようやく夢がかなったのは、ある年の夏休み。僕の訪れたのはエクアドルで、アマゾンと言っても上流部に当るため、川幅はぐっと狭い。その河辺林《かへんりん》一帯は、雨期になると林床《りんしょう》が水没するという話だ。

連日、ガイドの案内でジャングルを歩く。見るものすべてが珍しい。何を見たいというはっきりした目標があったわけではなかった。ただ、ただ、行ってみたかった。だから冬虫夏草に出会うなど、まるっきり予想していなかった。

アマゾンで見つけた冬虫夏草は三種類である。一つはバッタの腹面や脚から黄色の棍棒《こんぼう》状の子実体《しじつたい》が何本も発生している、エクアドルバッタタケと仮の名前がつけられた種類だ（六六頁参照）。これは林床《りんしょう》にむき出しで転がっていた。

もう一つは、コンガと呼ばれる体長二・二センチもある大型のアリから発生していたもの（このアリは毒アリだとガイド氏は言っていた）。地生型《ちせい》で、胸部から四センチほどの黒く細長い柄《え》を持った子実体《しじつたい》が伸び、丸い頭部は赤色をしていた。この種類が一番多く見られ、中にはコンガの巣穴すぐ近くから発生したものもあった。

最後の一つがイトヒキミジンアリタケ⑯である。普通のサイズのアリから発生したもので、胸部から黒い細長い糸状の子実体《しじつたい》が伸び、その柄《え》の途中に、こげ茶色の円盤型のものがついている（ここに子のう果がつく)。イトヒキミジンアリタケ⓰は、ひょいと見た、コケむした樹幹に張りついていた。

アマゾン川流域に、見たこともない冬虫夏草が生えているのは理解できる。逆に、アマゾンと日本で共通して見つかる冬虫夏草があることに、僕はとても驚いた。

奄美大島の森で再会

僕がイトヒキミジンアリタケ⓰に再会するのは、アマゾンを訪れてから六年後、奄美大島を訪れた際だ。

この島にも、本業のかたわら、冬虫夏草を追う、日本冬虫夏草の会のメンバーがいる。林業関係の仕事につくフジモトさんだ。

清水先生のガイドをしたことが冬虫夏草と関わるきっかけとなった。お座敷を作って冬虫夏草を掘るその姿に感激したのだという。それまでキノコにもまったく興味がなかったのに、連日森へ。仕事を終えてから、ハブの出る森にライトを持って入るなんてことまでして、奄美の冬虫夏草の第一人者となった人だ。ぼくとつな感じは、

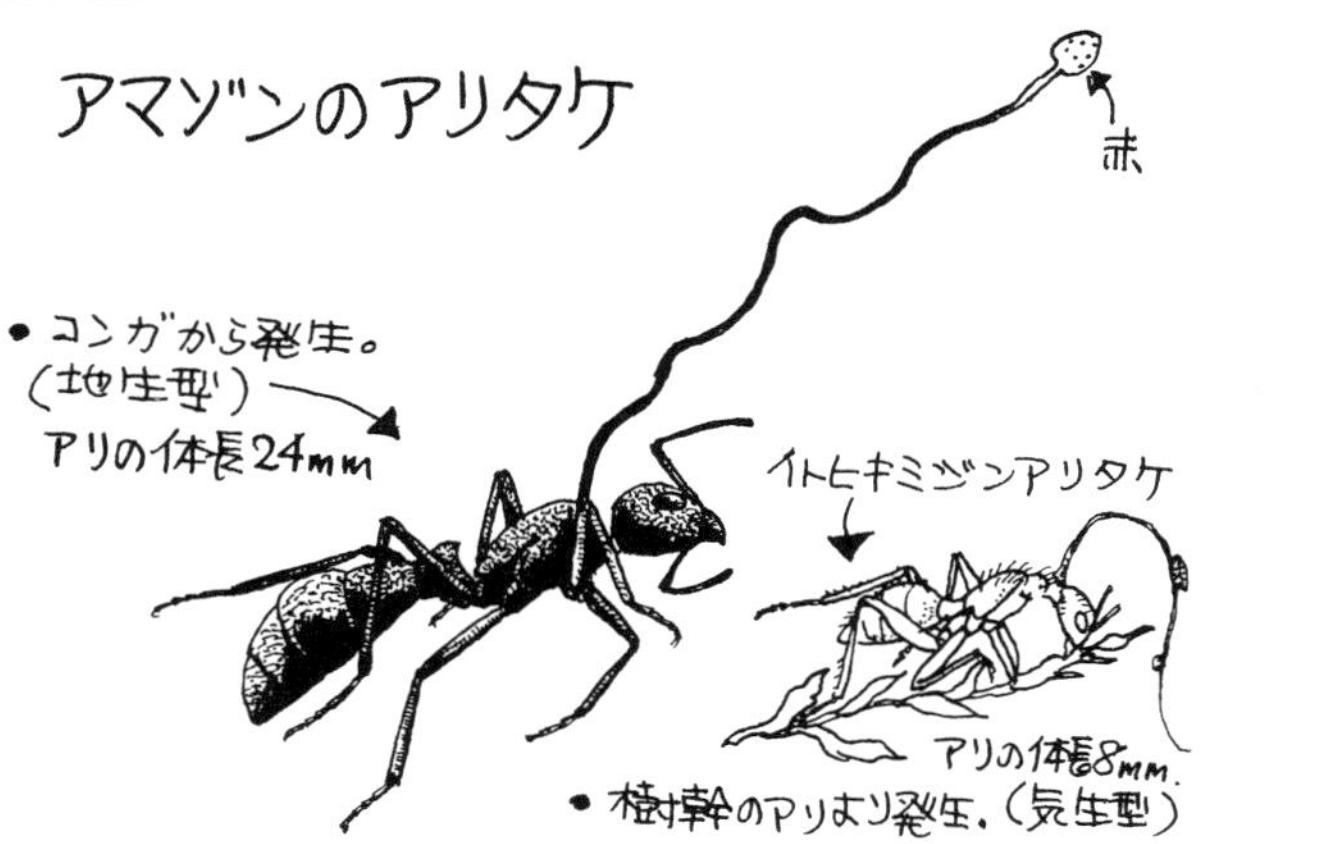

どこか俳優の高倉健を思わせる。

「人生で自分が本当に集中したのは、喧嘩《けんか》と冬虫夏草だけ」

そんなことを言う。そのフジモトさんが一番好きな冬虫夏草がイトヒキミジンアリタケ⑯なのだ。

「僕はアリンコ自体、好きですから。僕の人生はアリンコみたいなもんです」

フジモトさんは、激動の人生を経て、いま慎《つつ》ましやかに生きるということを心に決めた人だった。

そのフジモトさんが、奄美で一番深い森へ案内してくれた。広葉樹に混じって、木性シダのヘゴが葉を広げている。大型の着生シダ、オオタニワタリもあちこちに見られる。亜熱帯の森である。

一二月という一般的には冬虫夏草のオフシーズンでありながら、奄美では菌生冬虫夏草のハナヤスリタケ㊹がもう顔を出していた。そして、ジュウモンジシダの葉裏に着生していたイトヒキミジンアリタケ⑯と再会を果たす。着生型のこの冬虫夏草は、ほぼ年間を通して姿を見ることができるようである。

アマゾンの森と奄美大島の森、この二度の出会いから、僕にとってイトヒキミジンアリタケ⑯は、しばらくは〝ジャングルの冬虫夏草〟であり続けた。

意外な出会いが待っていた

イトヒキミジンアリタケ⑯のイメージが変わったのは、沖縄移住後のことである。

ある年の秋。三重県在住の友人が自然観察会の講師として僕を招く。花崗岩《かこうがん》質の小高い丘陵地《きゅうりょうち》に、コナラ、マツなどが主体となった林があった。樹高はそれほど高くない。やや乾燥気味の林だった。

「ゲッチョが来たから冬虫夏草が見つかるかも……」

友人が観察会の参加者にそう紹介している。ちょっと、待って……。初めての土地。しかもこの林の様子では、冬虫夏草の適地とは思えない。

しばらく歩いて友人が林のとある一角を指す。「この林では一番良い場所だよ」と言う。確かに、やや窪《くぼ》んだ地形で、水こそ流れていないが湿度はありそうだ。ちょっと本腰を入れて探す。そして実際、シシガシラというシダの葉上で、未熟なガヤドリキイロツブタケ㉓を見つけることができた。

やれやれ、と思って腰をおろす。その時、ふと目の前の樹幹に何か気になるものがついているのが目に入った。しげしげと見る。何と、それがイトヒキミジンアリタケ⑯だった。

参加者たちと手分けして探してみると、これがある、ある。次々にイトヒキミジンアリタケ⑯が見つかる。その数合計一三本。

奄美ではシダの葉裏に着生していたのだけれど、ここではみな樹幹に張りつく状態だった。樹種にも注意してみると、ネジキが九本、リョウブとマツがそれぞれ二本ずつという割合だった。

それにしても、イトヒキミジンアリタケ⑯はジャングル特有の冬虫夏草ではなかったのか……。

あちこちに、あるじゃない

そもそもイトヒキミジンアリタケ⑯は、西日本で初発見されたようだ。その初期の発見経緯については清水先生の手になる文章がある（『冬虫夏草』一〇号、一九九〇年）。

「新たなヒットとして、かつて神戸新聞の三木進氏（標本破損、紛失）、四国高松市の三谷進氏の両氏がそれぞれ一個体ずつ採集された、アリ生の新種候補イトヒキミジンアリタケの異状（集団）発生を見出し、その数、実に二〇〇個体……（以下略）」

これは一九八九年の舞鶴市での集団発生を紹介したものだ。

イトヒキミジンアリタケ⑯は、つまりは、ジャングルの冬虫夏草ではなかったのだ。里山でも見つかる冬虫夏草だ。しかし、その二つが、僕の中では、なかなかうまくつながらない。

三重県の里山でイトヒキミジンアリタケ⑯を見つけたことで、気になり出したことがあった。この小さな冬虫夏草は、よほどその気にならないと、生えていることに気がつかない。もしや、一五年にわたって冬虫夏草を見続けた、あの埼玉県飯能《はんのう》市の里山、その森の中にも、ひょっとしたらイトヒキミジンアリタケ⑯が生えていたのではなかろうか……。そんなことが引っかかる。

上京する機会が訪れ、僕はさっそく飯能《はんのう》市の森へと急いだ。

結果から言うと、何と、イトヒキミジンアリタケ⑯はたちまち見つかった。

一五年の飯能《はんのう》暮らしで、僕はこの土地の冬虫夏草は見尽《つ》くした……ひそかにそんなふうに思っていたのだけれど、見事に足元をすくわれた。反省。

飯能《はんのう》市では、休耕田に面した雑木林の樹幹でイトヒキミジンアリタケ⑯はよく見つかる。着生する樹種は三重県とは異なり、主にコナラだ。

以後、気にして探すと他でも見つかった。千葉県の里山でも、東京は高尾山《たかおさん》のふもとにある森林科学園内でも発見できた。それまでは主に西日本から報告されていたイトヒキミジンアリタケ⑯が、関東地方の里山でもきわめて普通に見られることがわかった。

イメージが結びつく

さて、屋久島にもイトヒキミジンアリタケ⑯はきっとあるはずだ。僕はそう思っていた。そして、その予想は当った。

前年の屋久島調査後、まずガイド業を営むマナツさんから「これは何?」といってイトヒキミジンアリタケ⑯の写真が送られてきたのだ。シダの葉裏に着生していたものだと言う。この情報をさっそくヤマシタさんに流す。するとしばらくして、ケンゴ君という青年が偶然イトヒキミジンアリタケ⑯を見つけたよという報告が入った。以後、ヤマシタさんも、島の何ヵ所もでイトヒキミジンアリタケ⑯を見つけ出した。

今年の屋久島調査最終日、尾根で〝アマミセミタケ類似種❺〟の発生を見た後、その発生地の一つに案内してもらう。

屋久島のイトヒキミジンアリタケ⑯発生地は、標高の低い照葉樹林内を流れる沢沿いだ。より低地の人家近くでもその姿を見ることができる。

面白いことに、屋久島では二つの発生状況が同居していた。

一つは沢沿いの崖《がけ》に生えるシダや低木の葉裏。もう一つは、沢沿いの木々に着生する、マメヅタという小さな葉をつけるシダの葉裏だ。そのそれぞれで、宿主《しゅくしゅ》となっているアリの種類が違っているのだった。前者はチクシトゲアリ。後者はアメイロオオアリだった。

奄美ではシダの葉裏でばかり見つかるイトヒキミジンアリタケ⑯が、里山では樹幹に着生しているのはなぜだろうと思っていたのだけれど、これは宿主《しゅくしゅ》となるアリの種類によって、その生態が異なっているからだと思えるようになった。奄美でイトヒキミジンアリタケ⑯に取りつかれていたのはチクシトゲアリ。関西で樹幹に着生していたのはムネアカオオアリ。関東ではクロオオアリ（もしくはその近縁種）であったのだ。

ここ屋久島でイトヒキミジンアリタケ⑯を見つけたことで、ジャングルと里山という僕の中にあるかけ離れたイメージが、少しずつ一つのつながりを見せ始めた。

照葉樹林の冬虫夏草

日本の関東地方以西に、かつて広がっていた常緑樹の森。シイやカシ、ツバキなどを主体としたこの森は照葉樹林と呼ばれる。

照葉樹林は、南に行くにつれ樹種が少しずつ変化し、やがては亜熱帯林、熱帯林へと移り変わる。かつて日本の暖地に広がっていたこの照葉樹林は、人々の活動によって姿を変えていった。

薪炭《しんたん》用の定期的な伐採《ばっさい》は、常緑樹の森を、雑木林と呼ばれるコナラ、クヌギなどを主体とした落葉樹に変えた。今、飯能《はんのう》市の森は雑木林と共にスギ、ヒノキの植林地が目立つ。これは昭和三〇年代の燃料革命によって、それまでの薪《まき》や炭の需要が減少することで、建材としてのスギ、ヒノキの植林が進められた結果だ。それでも寺社林などには、アラカシやシイなど、かつての照葉樹の森の〝かけら〟がわずかに残されている。

屋久島の照葉樹林内でイトヒキミジンアリタケ⑯を見たことで、僕に思いつくことがあった。それは、イトヒキミジンアリタケ⑯が飯能市《はんのう》にあるということは、かつて飯能市《はんのう》を広く覆《おお》っていた照葉樹林の名残《なご》りではないか、ということだ。

すなわち、イトヒキミジンアリタケ⑯という小さな生き物から、僕は姿を消したかつての森の姿を思い浮かべたのだった。そして、森の命の流れのようなものを感じたのだった。

屋久島は、現在、日本の中でも数少ない、まとまった照葉樹林の残る島だ。照葉樹林の冬虫夏草というものが、僕の中で少しずつ大きな存在となり始めた。

五〇年ぶりの再発見

第三次屋久島調査から一ヵ月。

八月上旬。僕はこの夏二度目の屋久島へと旅立った。第四次調査である。

ヤマシタ家に着くなり、さっそく冷蔵庫から容器が出てくる。中にはシダの葉が折り敷かれ、一本のセミ幼虫生の冬虫夏草が置かれていた。

「これだよ」

この前日、ヤマシタさんはランの写真を撮りにケンゴ君と森に入った。京都在住のケンゴ君は、僕も何度か一緒に森を歩いたことのある青年だ。先に、偶然、イトヒキミジンアリタケ⑯を見つけた青年である。一年に何度か屋久島に長期滞在している彼は、虫や植物にとても詳しい。その特技を生かして、屋久島をフィールドとしている研究者のアシスタントを務めることもよくある。そのケンゴ君が、森で冬虫夏草に気がついた。

シダの葉上に置かれたその冬虫夏草は、セミの幼虫の頭部から柄《え》が伸びている。〝アマミセミタケ類似種❺〟に比べると、その柄《え》はずいぶんと太い。頭部はうす紫がかった黄土色《おうどいろ》をしている。

念願のヤクシマセミタケ❷だ。

「まるっきり探す気なんかなかった時だったから、びっくりしたよ。炭焼きの跡みたいな平坦地で、とってもヤマヒルの多い所だよ。すごいよー、一〇や二〇じゃないよ。掘ってるうちにも血を吸われたよ」

楽しそうに語るヤマシタさん。前日、標高四〇〇メートルのポイントで四本発見、とのことだった。

「やっぱり〝幻《まぼろし》〟じゃなかったんだよ。ケンゴ君に感謝だよ」

三年前の夏、ヤマシタさんは生まれて初めて冬虫夏草に出会った。ギロチンしてしまったけれど、それはセミの幼虫から生えていた。もしやヤクシマセミタケ❷か？

その後、オオゼミタケ、ツブノセミタケ❻、〝アマミセミタケ類似種❺〟と次々にヤマシタさんはセミ生の冬虫夏草に出会うが、あの最初の一本は、そのどれとも違う、と思うようになったという。

そもそもヤクシマセミタケ❷は、一九五二年、清水先生と小林義雄博士によって採集され、その後、奄美大島や八丈島、九州本土でも見つかるようになったのだが、元祖《がんそ》屋久島産のヤクシマセミタケ❷は、五〇年来、再発見の記録がない。あの最初の一本は、その幻《まぼろし》の屋久島産ヤクシマセミタケ❷だったのか？

その幻《まぼろし》が、ついに姿を現した。やはりヤマシタさんが最初に出会ったのは、ヤクシマセミタケ❷だったのだ。屋久島でのヤクシマセミタケ❷再発見は、約五〇年ぶりのことになる。

その間、屋久島の森は絶えることなくヤクシマセミタケ❷を育んでいた。

黒々とした木々の下

ヤクシマセミタケ❷の再発見は、僕の屋久島調査の大きな目標の一つだった。この目で、ぜひヤクシマセミタケ❷の生える森を見てみたい。

ケンゴ君とヤマシタさんが前日見つけたポイントは、平日は工事中のため入山できないと言う。そこで別の森へ。

「あの高さで見つかるってことは……。えーと、あそこの森はどうかな」

ヤマシタさんの頭がフル回転している。かつてヤマシタさんに、一度聞いたことがある。

「屋久島の森の中で、行ったことのない所ってありますか?」

「一ヵ所だけ。どうしても川が渡れない場所があって、そこの一角だけ歩いていない」

これは登山道の話ではない。つまりヤマシタさんは、ほぼ全島をくまなく歩き尽《つ》くしている。ちなみに迷ったことはないそうだ。そのデータが、ヤマシタさんの頭の中にはしまい込まれている。

「標高〇〇〇メートルくらいの、ゆるやかな斜面の、沢沿いの森」

そんなデータをインプットすると、たちまち何ヵ所かの候補地が選びだされる。

一時間ほど車に乗って、候補地の森へ。しかし、お目当ての森へ行くはずの林道が今日は通行止め。やむなく枝道を徒歩で行く。土は湿っていて発生条件としては良さそうだ。

道に沿って一、二ヵ所、じっくり探すが成果はなし。やがて道はどん詰まりで沢に行き当った。その沢沿いのゆるやかな斜面を少したどる。

「あった」

ヤマシタさんが叫ぶ。

夕刻近く、うす暗くなりかけた林床《りんしょう》に、ヤクシマセミタケ❷は生えていた。シイやモクタチバナの繁る森。ヤクシマセミタケ❷は、一本のイヌビワの木の根元から頭をもたげていた。この森の標高は一五〇メートルほど。探せどこの一本しか見つからなかったが、思った以上に標高の低い森にも生えていることがわかったのは収穫だ。

見上げれば、黒々とした常緑の木々が僕たちを覆《おお》っている。ヤクシマセミタケ❷は、照葉樹林の冬虫夏草だった。

標高は一九〇メートル

翌日、照葉樹林を巡《めぐ》り、本格的にヤクシマセミタケ❷を追う。ギロチン娘のワッシーも一緒だ。

一ヵ所目は標高が一〇〇メートル以下の二次林。林内にはツルランの花が咲いていた。朽《く》ち木で早々にクチキフサノミタケ㉗の未熟なものを見つけるが、他はなし。

二ヵ所目の森。林道沿いに見て歩くが、意外に照葉樹林がなく、植林地が多い。谷を一ヵ所さかのぼるが、やはりクチキフサノミタケ㉗が見つかっただけ。

三ヵ所目も駄目。植林と広葉樹の混交林。ゆるやかな斜面だが乾燥していた。

夕刻も近づく。

「あそこはどうかなぁ」
ワッシーの提案で車を走らす。砂利道《じゃりみち》の林道を行くことしばし。道脇《みちわき》は、ほぼ垂直にそそり立つ斜面だ。「これは駄目だなぁ」と思う。林道が広くなったところで駐車。引き返すことにした。でも、せっかくなので一応森の中を見てみよう。

三メートル幅の林道の脇《わき》に、わずかながらゆるやかな斜面があった。幅は二〇メートルほどで、奥行きは一〇〇メートルもない。この斜面に立ってみる。林冠《りんかん》を構成しているのはシイやホソバタブだ。林床《りんしょう》は湿気《しけ》っていた。標高は一九〇メートル。

「あった！」

セミタケ類に実に鋭い眼を持つヤマシタさんが、一本のヤクシマセミタケ❷を見つけた。ワッシーも一本発見。ちょっとあせる。うろうろしつつも、ようやく僕も一本発見。うまく掘り上げることができた。ギロチン男の汚名もそろそろ返上できそうだ。

「あちゃー」

少し離れた所では、ギロチン娘が相変わらずその実力を発揮していた。

超珍種、ゴキタケ発見！

林内が暗くなりかけた夕方六時、引き上げることにした。

林道に出るまであと数歩という所で、ヤマシタさんの足元にあるヤクシマセミタケ❷を僕が見つけた。さっそく掘り始める。

「近くにもあるはずだ」

そう言いつつヤマシタさん、たちまち二本のヤクシマセミタケ❷を見つけた。ワッシーも一本見つけたが、またしてもギロチン。僕は一本掘り上げて、もう一本を掘り出していた。

うろうろしていたワッシーが向こうで叫ぶ。

「ねぇ、朽《く》ち木のセミから出るやつあるかな?」

「朽《く》ち木? そりゃセミじゃないよ」

掘る手はそのままで、僕はワッシーに声だけかけた。その間に、ワッシー、ギロチン。

「あれ? 下に何かあるよ。ゴキブリ?」

「えっ? おいおい」

ここに至《いた》って放っておけなくなった。急ぎ行ってみると、白っぽい切れた子実体《しじつたい》と、ばらばらのゴキブリの胴体らしきものがワッシーの手の平に乗っていた。

「わーっ、これヒュウガゴキブリタケ㊱じゃないの? ひえーっ! ワッシー、それでギロチンしたわけ?」

そう叫ぶが、後の祭り。朽《く》ち木をぐるぐる回るが、もう他にはそれらしきものは何もない。

「あまりにもぼろぼろの朽《く》ち木だから、楽勝だと思って、スプーンでごそっと掘ったらギロチンしちゃったの。あたしって、何てがさつなんだろう……」

ワッシー反省。

しかし、この坪《つぼ》はワッシーが案内してくれたのだ。ヒュウガゴキブリタケ㊱を見つけたのも彼女だ。

ちょっとがさつかも知れないが、やはり幸運の女神と言うべきだろう。それに、ヒュウガゴキブリタケ㊱をギロチンしたことのある人なんて、日本広しと言えども恐らく三人もいないはずだ……。

ヒュウガゴキブリタケ㊱は、これまで宮崎県でしか見つかっていない「超珍種」。だから、この発見は日本で二ヵ所目の産地発見という貴重なものだ。

ヤクシマセミタケ❷の再発見に加えて、ヒュウガゴキブリタケ㊱の発見。屋久島の照葉樹林は、こんな宝物を隠していた。

世界はどんどん〝広く〟なる

前々から屋久島にもヒュウガゴキブリタケ㊱が発生してもおかしくないと思っていた。屋久島の森には倒木も多く、宿主《しゅくしゅ》となるエサキクチキゴキブリも見つかるのだから。とはいえ、本当にあったとはやはり驚きだった。

クロキさんから、ヒュウガゴキブリタケ㊱は六月が発生のピークだと聞いていた。だから八月上旬のこの第四

次調査で、ヒュウガゴキブリタケ㊱は念頭になかった。

ワッシーがギロチンしたのは半分はやむを得ない。この時期、ヒュウガゴキブリタケ㊱は老成し、ほとんど朽《く》ちかけていたのだから。ワッシーの見つけた子実体《しじつたい》も、上半分はすでに欠けていた。またゴキブリの体も、中は空に近い状態で、すぐにぐずぐずと崩《くず》れてしまったものと思われた。

「でもね、子実体《しじつたい》がちゃんとくっついているのを見たいよね」

「明日、またこの坪《つぼ》に戻って探しましょう」

ヤマシタさんとすっかり盛り上がる。

「標高が一五〇メートルとか一九〇メートルの森にもヤクシマセミタケ❷が出るってわかって、ぐっと探す範囲が広がったね」

「ヒュウガゴキブリタケ㊱が出ることもわかったから、朽《く》ち木も探さないといけませんね。何か屋久島だけでも見切れないですね。世界は広いって思いますよ」

「そうそう。どんどん世界は狭くなってるなんて言うけどね」


二本目も発見！


三日目の午後、再びヒュウガゴキブリタケ㊱の見つかった坪《つぼ》へ。午前中は別の照葉樹林内を探してみたのだが、そこはまるで不発だった。これだけ追いかけていても、実際に探してみるまで、そこが坪《つぼ》かどうかはわからない。

前日、九本のヤクシマセミタケ❷が見つかったこの坪《つぼ》、それがすべてであったようで追加個体が見つからない。周囲の森まで探索範囲を広げてみるが、ヤクシマセミタケ❷もヒュウガゴキブリタケ㊱も一本もない。

駄目か。そう思い始めた頃、指笛が鳴った。音のする方へ行ってみると、一足早く林道に戻ったヤマシタさんが、林道脇《わき》に転がる直径一五センチほどのシイの丸太の前に座っていた。

ヒュウガゴキブリタケ㊱だ。

朽《く》ち木の一部が掘り取られ、中のエサキクチキゴキブリが姿を現している。その胸部から二本の子《し》実体《じったい》が伸びている。しかしその子実体《しじったい》は古ぼけ、やや茶ばみ、なおかつ中途で折れている。

「これ、よく冬虫夏草ってわかりましたね」

「そう。僕もキノコの柄《え》が折れたやつって思ってた。でも、ちょっと掘ったら、ゴキブリが出てきた」

「すごいなぁ」

「こんな林道上の丸太とかに出たりするんだね」

「そういえば宮崎でも、河原の流木から発生してたりしましたよ。かえって風通しのいい所がいいのかなぁ」

「いやぁ、びっくりした。オオゼミタケの時もそうだったけど、ドキドキしちゃった」

ヤマシタさんは大興奮している。崩《くず》さぬように、周囲の朽《く》ち木ごと無事掘り取る。

「マジで、マジで？　ゴキブリ？　ほんまや、めっちゃ奇麗《きれい》、で、これ何ゴキ？」

昼間は仕事に行っていた元気娘ワッシーが、ヤマシタ家にやって来るなり、そう叫んだ。

「何が面白いのかしらね？」

一人、ヤマシタさんの奥さんだけは苦笑いしていた。

照葉樹林の森の結晶

二日目を終えた時、「世界は広い」と思った。三日目を終えて、また思うことがあった。それは、そうそういい照葉樹林はすでにない――ということだった。

ヤクシマセミタケ❷に加え、ヒュウガゴキブリタケ㊱まで見つかったことで、僕らの目は一気に照葉樹林に向いた。

僕が屋久島で最初にカメムシタケ❼を見つけたのはスギの原生林内でのことだった。以来、冬虫夏草を探すにせよ、何にせよ、僕はこれまで、標高八〇〇メートル以上の森を主にふらついていた気がする。屋久島を訪れる多くの人々も、目指すのは縄文杉や山頂部など、標高の高い所だ。

標高の低い所にある照葉樹林に目を向けると、本来は照葉樹林であったはずの所の多くが、すでにスギの植林地となっていることに気づく。屋久島には天然のスギ原生林と、この植林されたスギ林の二つのスギ林がある。

もったいないなぁ、あそこもここも植林地、これが全部照葉樹林だったら……。高台に立って眼下の森を見渡し、そんなことを思う。何度も屋久島を訪れてはきたけれど、これまでは原生的な自然がまとまって残っている所ばかりに目が行っていたことに気づかされた。

つまりは屋久島も、飯能《はんのう》市の森同様、人々の活動と無縁ではあり得なかったのだ。

最終日、林道を走り回って、切り取られたように残る照葉樹林に入る。

林道に転がるウラジロエノキの倒木上に、ヒュウガゴキブリタケ㊱が、半ば朽《く》ちかけて埋《うず》もれていた。

森内に足を踏み入れると、ヤクシマセミタケ❷五本とツクツクボウシタケ❹も一本も見つかった。

それらはいずれも、屋久島の照葉樹林の結晶である。その恵みを押しいただく。

森の秘密の奥深さ

「ひょおお……」

森の中に異様な声が響く。

「ヤマシタさん、またイモムシ?」

「そーだ、でっかいやつ」

藪《やぶ》から飛び出して来たヤマシタさんが答える。年間二〇〇日も森に入るヤマシタさんにも苦手なものがある。それがイモムシだ。藪《やぶ》こぎをする時、体にイモムシがつくかも知れないから、カッパに身を包み、一〇〇メートルごとに体をはたくという。

「ヤマシタさん、イモムシにつく冬虫夏草はどうです?」

「やっぱ、駄目」

冬虫夏草が生えていても駄目らしい。これはかなりのイモムシ恐怖症だ。

「大きなサナギタケ⓱もね、好きじゃないんだ。ひょっとしてイモムシついてたら……と思っちゃう。前に、ジロウ君と歩いていて、大きなサナギタケ⓱を見つけたけど、掘れなかったよ。〝これは枯れるまで観察しよう〟なんて言ってごまかしたけど……」

ヤマシタさんの告白に笑ってしまう。人それぞれに、得手《えて》不得手はあるものだ。生き物それぞれに森の中での役割があるように、僕らにも、それぞれに見合った持ち分というものがあるだろう。天性のカンで坪《つぼ》を見つけるワッシー。一級掘り士のヤマシタさん。僕はあちこちで聞きかじった話を伝える役だろうか。

そんな僕らがよってたかっても、屋久島の森の秘密はあばき切れるものではない。

「来年の六月に、ゴキタケ祭りをしましょうよ」

ワッシーが言う。そう、ぼろぼろになっていないヒュウガゴキブリタケ㊱は、ぜひ見てみたい。

あらためて知らされたこと

屋久島に通って冬虫夏草を追う中で、つくづく思うのは、その土地の人にはかなわないということだ。ヤマシタさんは車で三〇分走れば坪《つぼ》に着く。僕の場合は飛行機を乗り継ぎ半日だ。一年に二、三度しか現地を訪れられない身では、いかほどのこともできない。

第四次調査の数日前。ちょうど上京していた僕は、飯能《はんのう》市でジロウ君と落ち合った。ジロウ君の実家から飯能《はんのう》市までは、車で三〇分ほどだ。

僕は、一五年間の飯能《はんのう》市での生活で見つけた坪《つぼ》を、ジロウ君に伝えようと決めたのだった。飯能《はんのう》市を離れた身では、もはや旅人としてしか訪れることはできないのだから。

その日、一日かけて四ヵ所の坪《つぼ》を巡《めぐ》り、ヤンマタケ㉞をはじめ都合九種類の冬虫夏草を見つけた。

「鳥肌《とりはだ》が立ちました」

初めてヤンマタケ㉞を見たジロウ君は、そんなふうに感激していた。

驚いたことに、この日に見つけた九種のうち三種が、飯能《はんのう》市では新発見のものだった。サンゴクモタケ㊴、ツブノセミタケ❻、ハチのマユから発生した不明種⓭だ（飯能《はんのう》市で見られるそれ以外のものは九九頁にまとめてある）。

「これは冬虫夏草じゃないな」

僕が指でぴんとはじいたものを、試しにジロウ君が掘ったら、それがツブノセミタケ❻（未熟個体で子のう果がついていなかった）だったという、さえないエピソードまでおまけについた。

飯能《はんのう》市の森が隠し持っている秘密もまた、まだまだあるんだということを僕はあらためて知らされた。

「見たことがない」

「わからない」

そうしたことがどれだけ多いことか。まだまだ課題は残されている。

冬虫夏草を探してみよう

屋久島でかつて一本のカメムシタケ❼に出会ったことがきっかけで、僕は冬虫夏草を見始めた。

そして飯能《はんのう》市の里山が、その最初のフィールドだった。冬虫夏草は決して〝レア〟なものではなく、身近な雑木林で見られることを知っていった。そんな里山の冬虫夏草にも「普通種」と「珍種」がある。カメムシタケ❼を主な題材としながら、それがどういう関係にあるかをさぐってみた。結局、冬虫夏草には僕たちには〝見えない世界〟の暮らしがあることを僕は知る。

沖縄移住後、南の島の冬虫夏草が身近な存在となる。日本は広い。だから各地で冬虫夏草の在り方が違う。たまたま僕は関東の里山と南の島の冬虫夏草の両者を見比べられる立場にあった。それが、僕なりの冬虫夏草の見方になったように思う。

冬虫夏草は〝その気〟にならなければ決して見えてはこない。そのため、その土地に〝冬虫夏草屋〟がいるかどうかで、その土地の冬虫夏草の解明度は違ってくる。現在、東北地方と関西地方がよく調べられている地域となっている。南の島では東京都の八丈島、それに南西諸島の奄美大島と西表《いりおもて》島《じま》が調査の進んでいる島だ。屋久島の冬虫夏草についてまとまった形で報告が出るのは、本書が初めてのことだろう。もちろん屋久島については、これからもっと調査が進むにつれさらなる発見があるだろう。

逆に、関東地方や九州地方などではあまり調査が進んでいない。対馬《つしま》、佐渡などの島々もほとんど手つかずの状態だ。まだまだ〝宝の島〟は残されている。何より実は僕が今住んでいる沖縄島の冬虫夏草さえほとんどわかっていないのだ。

森がわからないと、冬虫夏草が見えてこない。冬虫夏草を追っていくと、森が見えてくる。そんな関係が成り立つように思う。

その意味で、僕はまだ沖縄島の森をあまりに知らない。この島で冬虫夏草をもっと見つけられるようになった時、沖縄島の森は、僕にもっといろんなことを教えてくれるだろう。

冬虫夏草は、目に見える日常世界と目に見えない異世界の境界線上に現れるいまだ謎の生き物である。そんな異世界への入り口は、あなたの裏山にもきっとある。

冬虫夏草を探してみよう。

最後に一言

「世界中で、バッタに生える冬虫夏草は五種あります。アマゾンからは三種類が知られていますね……」。ムロイさんがこんなことを言う。ホテルのレストラン。中華料理を食べながら、周囲のことなどいっさい気にせずに、僕らはいつものごとくに虫草談議。

日本冬虫夏草の会の奄美調査に参加した。今夜の話題はバッタタケ。僕は、かつてアマゾンで見つけたエクアドルバッタタケのスケッチを回覧する。一方、ムロイさんも、アマゾン産のバッタタケ類の標本写真や、英文の論文コピーを回覧する。

「どうも、論文にあるこの種類がエクアドルバッタタケみたいですね」

ムロイさんがスケッチと論文をにらめっこしながらそう言った。エクアドルバッタタケは〝新種候補〟ではなく、すでに海外の研究者が名前をつけていた冬虫夏草であったのだ（清水先生は、この論文を見逃していたらしい）。ちょっと残念である。とはいえ冬虫夏草の謎ときは今なお現在進行形。まだまだ見知らぬものたちがどこかで僕らを待っている。

三月初旬。本土ではまだ春の足音が聞こえ始めたばかりの季節に、奄美の森ではすでに菌生冬虫夏草が発生のピークを迎えている。全国から集まった冬虫夏草屋が、しのつく雨のなか、へばりつくように地面をにらみながら森をゆく。

一行の案内役は、ここ奄美の冬虫夏草の生き字引きこと、フジモトさん。道なき森の斜面を「坪《つぼ》」

まで案内してくれるフジモトさんなくしては、奄美の調査はおぼつかない。

「ここにある……」。落ち葉をそっとかき分け、黒っぽくまるで目立たない菌生冬虫夏草の仲間を目ざとく見つけ出すのは、虫草歴四五年のタケダさん。その菌生冬虫夏草をささっと掘り上げるのが、特級掘り士のウカジさんだ。

「この種類のツチダンゴから冬虫夏草が発生した記録はないはずですよ……」

掘り取った菌生冬虫夏草の根元につくツチダンゴの種類を即座に見分けるのは、ツチダンゴ屋のムロイさんだ。見つかった冬虫夏草はタンポタケの仲間のようだ。でも、ムロイさんの見立てで、このタンポタケは新種かもしれないと一同色めき立つ。正確な判定は、持ち帰ってからの顕微鏡観察が必要だ。

一連のチームワークが、新たな〝森の宝〟を見つけ出した。僕の役割は、その様子を、このようにして書き記すことだろう。

本書を書くに当っては、多くの方々のお世話になった。まず、貝津好孝さん、武田桂三さん、内山茂さん、室井哲夫さん、黒木秀一さんら日本冬虫夏草の会の方々は言うまでもない。八丈島の川畑喜照さんには、八丈島産のヤクシマセミタケの資料の提供を受けた。森林総合研究所の島津光明先生には、ボーベリアの仲間について、いつも教えていただいている。カメムシタケの宿主同定には、野澤雅美さんの手をお借りした。屋久島の山下大明さん、真津昭夫さん、長井三郎さん、鷲尾紀子さん、内室次郎君らあっての屋久島調査だった。最後にどうぶつ社の久木亮一さんにいつもながらの謝辞を捧げ、終わりとしたい。

【屋久島産冬虫夏草リスト】

種名	宿主	発生期	発生環境等	特徴
ヤクシマセミタケ	ツクツクボウシ幼虫	8月頃	標高数百メートルの照葉樹林	子実体の色は枯れ葉の中だと目立たない。
ツクツクボウシタケ	ツクツクボウシ幼虫	8〜9月	照葉樹林〜標高600メートル前後の混交林	白い粉状の胞子をつける不完全型。
アマミセミタケ類似種	ヒメハルゼミ幼虫	6〜7月	混交林	子実体は地下深くまで伸び、掘り取りは容易ではない。
ツブノセミタケ	ツクツクボウシなどの幼虫	6〜8月	混交林	未熟なものは、一見、冬虫夏草とは思えない。
オオゼミタケ	アブラゼミ幼虫	3〜5月	混交林	ヤクシマオナガカエデの樹下によく見られるという。
カメムシタケ	カメムシ成虫各種	7〜9月	標高1000メートルからのスギ林を主体とするが、時に照葉樹林帯でも見られる。	土手や樹幹のコケの中から子実体を伸ばしている。
アリタケ	ムネアカオオアリの女王	6〜7月	混交林〜スギ林	ぼろぼろの朽ち木中よりよく発生する。
イトヒキミジンアリタケ	チクシトゲアリなど	ほぼ一年中	照葉樹林の沢沿い	シダの葉裏や樹幹などをたんねんにのぞくと見つかる。
サナギタケ	ガのサナギ	6〜7月	混交林〜スギ林	子実体はオレンジ色なので、よく目立つ。
ハナサナギタケ	ガのサナギ	6〜9月	混交林〜スギ林	全国的に最も普通に見られる

				冬虫夏草の一つ。取りつくガのサナギにより大小様々。
ホソエノアカクビオレタケ	種類不明の幼虫	7月	スギ林	きわめて小型の冬虫夏草のため、見つけるのが難しい。
クチキフサノミタケ	甲虫類の幼虫	7〜9月	照葉樹林〜混交林	条件がいいと、一本の朽ち木から複数発生している。
コメツキムシタケ	コメツキムシ幼虫	7〜9月	混交林〜スギ林	子実体が細く、色も地味なため、見つけるのは困難。
ヒュウガゴキブリタケ	エサキクチキゴキブリ成虫	6〜8月	照葉樹林	8月になると、子実体はほとんど朽ちてしまう。道端の朽ち木などに発生。
クモタケ	キシノウエトタテグモ	7月	照葉樹林〜スギ林	子実体は軟弱なため発生数日で姿を消す。
ギベルラタケ	各種のクモ類	7〜9月	照葉樹林〜混交林	沢沿いの木の葉裏などに着生している。
ハナヤスリタケ	ツチダンゴ	6月	混交林	ホソバタブの樹下でよく見つかるという。
エリアシタンポタケ類似種	ツチダンゴ	8〜9月	スギ林	ツガの樹下で見つかる。
タンポタケ	ツチダンゴ	3〜5月	混交林	ウラジロガシの樹下で見つかる。
ヌメリタンポタケ	ツチダンゴ類	3〜5月	混交林	ウラジロガシの樹下で見つかる。

この他、ヒメサナギタケと思われるものの他、数種を見聞きしているが、名前の決定にいたらなかったので、ここには載せていない。今後さらに多くの種が屋久島で見つかっていくと思う。

冬虫夏草名索引

（ゴシック体数字はプレート頁）

【ア行】

【カ行】

【サ行】

【タ行】

復刻によせて

その後のこと、を少しだけ補足してみたい。

本書は二〇〇六年にどうぶつ社から出版したものである。つまり、今回の復刻までに七年がたっている。その間も、毎年、梅雨時期には屋久島詣でを行ってきた。今や、ヒュウガゴキブリタケは屋久島の冬虫夏草探しの定番と化した観さえある（見つけても、ああ、ゴキブリタケね……と流してしまうほど）。一方で、その後も屋久島からは、次々とあらたな冬虫夏草が見つかっている。例えば、ヤンマタケもその後、屋久島から見つかった。ただし、まだ正体不明であったり、和名がつけられていなかったりしているものも多く、ここでその全体像を紹介できないのが残念である（ちなみに、本文中においてアマミセミタケ類似種、エリアシタンポタケ類似種として表記した種類は、その後、それぞれ、アマミセミタケ、エリアシタンポタケそのものであることが確定した）。

その後の僕の冬虫夏草探索で一番の成果は、沖縄島から冬虫夏草を見つけ出せるようになったということだろう。もちろん、屋久島や西表島に比べると、沖縄島は冬虫夏草の発生条件はよくないのだが、沖縄島には沖縄島ならではの冬虫夏草の「坪《つぼ》」や、発見できる種類があることがわかってきた。例えば、本書33ページに登場した「シロタマゴクチキムシタケ」は、やはりシロタマゴクチキムシタケであることがはっきりとわかった。というのも、きちんと子のう果がついたシロタマゴクチキムシタケが、毎年、ある程度の個体数、発生する坪を見出すことができたからだ。この坪において、シロタマゴクチキムシタケの継続観察をした結果、その宿主に目星がつけられるようにもなっている。

本書において、屋久島では標高によって発生する冬虫夏草の種類や発生期が異なることを紹介した。屋久島の中で、天然のスギ林は標高の高い所に位置し、より下部には照葉樹林と呼ばれるシイ・カシを主体とした森が広がっている。屋久島で一番有名なものといえば、もちろん縄文杉だろう。つまり、屋久島を訪れる人の多くは、標高の高いスギ林や、さらに標高の高い山頂部を目指す。ところが、冬虫夏草を追いかけるうちに、僕は屋久島の中でも照葉樹林帯の生き物に興味をひかれるようになった。ヒュウガゴキブリタケは、まさに屋久島の照葉樹林の冬虫夏草の代表である。ところが、屋久島に限らず、照葉樹林の冬虫夏草は、これまであまり調べられておらず、よくわかっていないことが多い。また、一般の人々に照葉樹林の生き物のことが紹介されているかといえば、これも十分ではない。そこで、本書の後日談にあたる、照葉樹林を主なフィールドとした冬虫夏草やそのほかの生き物の探索について本を書くことにした（『雨の日は森へ―照葉樹林の奇怪な生き物』八坂書房、二〇一三年）。また、本書出版後、冬虫夏草の手軽な写真図鑑（『冬虫夏草ハンドブック』文一総合出版、二〇〇九年）も出版する機会を得た。興味のある方は、これらの本も手に取っていただけたらと思う。

最後にこのような復刻の機会を与えてくださったどうぶつ社と丸善出版に謝意を述べたい。

二〇一三年九月

盛口　満

著者紹介

盛口　満（もりぐち・みつる）

1962年生まれ。千葉大学理学部生物学科卒業。自由の森学園中・高等学校教諭を経て、現在は沖縄大学人文学部・こども文化学科准教授。日本冬虫夏草の会理事。おもな著書に『冬虫夏草ハンドブック』（共著・文一総合出版）、『僕らが死体を拾うわけ―僕と僕らの博物誌』（ちくま文庫）、『雨の日は森へ―照葉樹林の奇怪な生き物』（八坂書房）、『生き物の描き方―自然観察の技法』（東京大学出版会）、『奄美沖縄環境史資料集成』（共著・南方新社）などがある。

冬虫夏草の謎

平成25年10月30日　発　行

著作者　盛　口　　満

発行者　池　田　和　博

発行所　丸善出版株式会社

〒101-0051　東京都千代田区神田神保町二丁目17番
編集：電話(03)3512-3265／FAX(03)3512-3272
営業：電話(03)3512-3256／FAX(03)3512-3270
http://pub.maruzen.co.jp/

印刷・製本／藤原印刷株式会社
装幀／戸田ツトム＋山下響子

ISBN 978-4-621-08791-6　C0040　　Printed in Japan

本書は、2006年6月にどうぶつ社より出版された同名書籍を再出版したものです。